U0392589

计算机应用基础项目化教程

（Windows 7 + Office 2010）

主　编　汪卫星　唐斌耀　吴碧海
副主编　黎荣振　林玲兴　罗　莎　洪传滢

电子工业出版社

Publishing House of Electronics Industry

北京·BEIJING

内 容 简 介

本书在内容编排上以理论适度、重在应用为原则，采用任务驱动方式来组织、设计教材内容，清晰描述各子活动的实操步骤，指导性强。本书将互联网时代新思维融入到教学内容，采用项目教学的方式组织内容，强调"做中学、学中做、学做合一"，倡导混合式教学模式，注重实用性和可操作性，鼓励学生个性化发展和学习目标过程的培养方式，同时结合全国计算机等级考试要求，全面系统地介绍了计算机基础理论知识。

本书内容新颖，层次清晰，图文并茂，通俗易懂，可操作性和实用性强。可作为高职高专院校、成人高校各专业的计算机公共课教材，也可作为全国计算机等级考试的参考用书和办公自动化人员的培训教材，还可作为计算机爱好者的自学用书。

未经许可，不得以任何方式复制或抄袭本书之部分或全部内容。

版权所有，侵权必究。

图书在版编目（CIP）数据

计算机应用基础项目化教程：Windows 7+Office 2010 / 汪卫星等主编. —北京：电子工业出版社，2017.2

ISBN 978-7-121-30814-7

Ⅰ. ①计… Ⅱ. ①汪… Ⅲ. ①Windows 操作系统—高等职业教育—教材②办公自动化—应用软件—高等职业教育—教材 Ⅳ. ①TP316.7②TP317.1

中国版本图书馆 CIP 数据核字（2017）第 013393 号

策划编辑：施玉新
责任编辑：郝黎明
印　　刷：涿州市京南印刷厂
装　　订：涿州市京南印刷厂
出版发行：电子工业出版社
　　　　　北京市海淀区万寿路 173 信箱　邮编　100036
开　　本：787×1092　1/16　印张：13.5　字数：397.4 千字
版　　次：2017 年 2 月第 1 版
印　　次：2024 年 12 月第 19 次印刷
定　　价：36.00 元

凡所购买电子工业出版社图书有缺损问题，请向购买书店调换。若书店售缺，请与本社发行部联系，联系及邮购电话：（010）88254888，88258888。

质量投诉请发邮件至 zlts@phei.com.cn，盗版侵权举报请发邮件至 dbqq@phei.com.cn。

本书咨询联系方式：（010）88254598，syx@phei.com.cn。

前　言

　　新时代信息技术的重要特征是开放、互联、共享，其快速发展对高职高专院校的计算机通识教育教学提出了新的挑战和新的要求。掌握计算机基本知识、会应用信息处理工具、具有互联时代新思维，这是时代对新一代高职高专院校学生提出的基本要求，也为我国高职高专院校进行计算机通识教育教学改革提出了新方向。

　　本书将互联网时代新思维融入到部分教学内容中，采取项目驱动、任务引领的设计方式，强调"做中学、学中做、学做合一"，倡导混合式教学模式，注重实用性和可操作性，鼓励学生个性化发展和学习共目标异过程的培养方式，同时结合全国计算机等级考试要求，全面系统地介绍了计算机基础理论知识。

　　全书共分 7 个项目，主要介绍了计算机基础知识、Windows 7 操作系统、Word 2010 的使用、Excel 2010 的使用、PowerPoint 2010 的使用、互联网的初步知识和应用以及信息技术新发展等内容。每个项目采取练习实践与理论拓展相结合的方式，培养学生动手实践能力，强化技能培养和互联网思维。

　　为了指导学生考证和实践需要，我们另编有《计算机应用基础实训指导（Windows 7+Office 2010）》与本教材配套使用。本书由汪卫星、唐斌耀、吴碧海担任主编，黎荣振、林玲兴、罗莎、洪传滢担任副主编，参加本书编写工作的有梁武、钟强、潘慧、陈辉彬、罗思思、周海、黄国敏、黄小华、徐世举和叶刘琴。

　　本书可作为高职高专院校、成人高校各专业的计算机公共课教材，也可作为全国计算机等级考试的参考用书和办公自动化人员的培训教材，还可作为计算机爱好者的自学用书。在编写过程中我们得到很多同行及专家的关心与支持，在此表示感谢，对本书存在的疏漏和不足之处，敬请广大读者批评指正。

编　者

目 录

项目 1 计算机基础知识

任务 1.1 计算机概述

Computer 俗称计算机，是一种用于高速计算的电子计算机器，可以进行数值计算，也可以进行逻辑计算，还具有存储记忆功能，是能够按照程序运行，自动、高速地处理海量数据的现代化智能电子设备，如图 1-1 所示。本任务通过学习计算机的概述来了解计算机的历史、分类和发展趋势，掌握其工作原理。

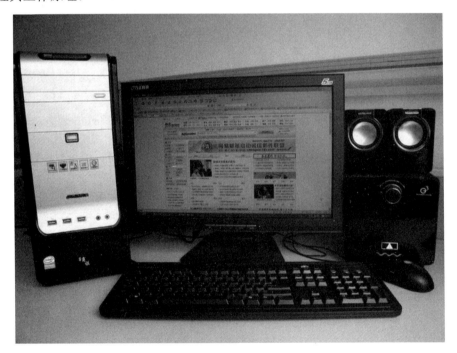

图 1-1　微型计算机

1.1.1 计算机的发展简史

1. 计算机的产生

计算机的诞生酝酿了很长一段时间。1946 年 2 月，第一台电子计算机 ENIAC（图 1-2）在美国加州问世。ENIAC 用了 18 000 个电子管和 86 000 个其他电子元件，有两个教室那么大，运算速度却只有每秒 300 次组合运算或 5 000 次加法，耗资 100 万美元以上。尽管 ENIAC 有许多不足之处，但它毕竟是计算机的始祖，揭开了计算机时代的序幕。

图 1-2　世界上第一台电子计算机 ENIAC

2．计算机的发展

计算机的发展到目前为止共经历了四个阶段，从 1946 年到 1959 年这段时期我们称之为"电子管计算机时代"。第一代计算机的内部元件使用的是电子管。由于一台计算机需要数千个电子管，每个电子管都会散发大量的热量，因此，如何散热是一个令人头疼的问题。电子管的寿命最长只有 3 000 小时，计算机运行时常常发生由于电子管被烧坏而使计算机"死机"的现象。第一代计算机主要用于科学研究和工程计算。计算机发展的四个阶段概况如表 1-1 所示。

表 1-1　计算机发展的四个阶段

	第一个阶段 （1946—1959 年）	第二个阶段 （1959—1964 年）	第三个阶段 （1964—1972 年）	第四个阶段 （1972 年至今）
主要电子器件	电子管	晶体管	中小规模集成电路	大规模、超大规模集成电路
内存	汞延迟线	磁芯存储器	半导体存储器	半导体存储器
外存储器	穿孔卡片、纸带	磁带	磁带、磁盘	磁盘、磁带、光盘等大容量存储器
处理速度（每秒指令数）	数千条	数万至数十万条	数十万至数百万条	上千万至万亿条

1.1.2　计算机的工作特点

机械可使人类的体力得以放大，计算机则可以使人类的智慧得以放大。作为人类智力的工具，计算机具有以下主要特点。

1．运算速度快

通常以每秒钟完成基本加法指令的数目表示计算机的运算速度。现在每秒执行百万次的计算机已不罕见，有的机器可达数百亿次，甚至数千亿次。计算机的高速度使它在金融、交通、通信等领域达到实时、快速的服务。

2．精确度高

计算机在进行数值计算时能达到很高的精度。在常用的数字表中，数值的结果达到 4 位，如果要达到 8 位或 16 位，用手工计算需花费很多时间，而对于计算机来说，让它来快速而又精确地生成 32 位或 64 位的结果是一件非常容易的事。如用计算机计算圆周率，目前可达到小数点后数百万位了。

3．具有记忆功能

计算机的存储器相当于人的大脑，可以"记忆"大量的信息。能够把数据、指令等信息存储起来，在需要的时候再将它们调出。描述计算机记忆能力的是存储容量，常用的存储容量单位有字节（B）、千字节（KB）、兆字节（MB）、千兆字节（GB）等。现在的计算机存储容量越来越大。

4．具有逻辑判断功能

计算机不仅能完成加、减、乘、除等数值计算，还能实现逻辑运算。逻辑运算的结果为"真"或"假"。计算机的这种功能可以实现事务处理，并广泛用于各种管理决策中。

5．实现自动控制功能

冯·诺依曼体系结构计算机的基本思想之一是存储程序的控制，用户只要将编制好的程序输入计算机，然后发出执行的指令，计算机就能自动完成一系列预定的操作，因此计算机在人们编制好的程序控制下，自动工作，不需要人工干预，工作完全自动化。

6．可靠性高

计算机硬件采用大规模和超大规模集成电路，使计算机具有非常高的可靠性，其平均无故障时间可达到以"年"为单位了，可靠性非常高。

7．适用范围广，通用性强

计算机是靠存储程序控制进行工作的。无论是数值的还是非数值的数据，都可以表示成二进制数的编码；无论是复杂的还是简单的问题，都可以分解成基本的算术运算和逻辑运算，并可用程序描述解决问题的步骤。所以，在不同的应用领域中，只要编制和运行不同的软件，计算机就能在此领域中很好地服务，即通用性很强。

1.1.3 计算机的应用

计算机的应用领域已渗透到社会的各行各业，正在改变着传统的工作、学习和生活方式，推动着社会的发展。计算机的主要应用领域如下。

1．科学计算（或数值计算）

科学计算是指利用计算机来完成科学研究和工程技术中提出的数学问题的计算。在现代科学技术工作中，科学计算问题是大量和复杂的。利用计算机的高速计算、大存储容量和连续运算的能力，可以实现人工无法解决的各种科学计算问题。

例如，建筑设计中为了确定构件尺寸，通过弹性力学导出一系列复杂方程，长期以来由于计算方法跟不上而一直无法求解。而计算机不但能求解这类方程，并且引起弹性理论上的一次突破，出现了有限单元法。

2．数据处理（或信息处理）

数据处理是指对各种数据进行收集、存储、整理、分类、统计、加工、利用、传播等一系列活动的统称。据统计，80%以上的计算机主要用于数据处理，这类工作量大面宽，决定了计算机应用的主导方向。

数据处理从简单到复杂已经历了三个发展阶段，它们是：

（1）电子数据处理（Electronic Data Processing，EDP），它是以文件系统为手段，实现一个部门内的单项管理。

（2）管理信息系统（Management Information System，MIS），它是以数据库技术为工具，实现一个部门的全面管理，以提高工作效率。

（3）决策支持系统（Decision Support System，DSS），它是以数据库、模型库和方法库为基础，帮助管理决策者提高决策水平，改善运营策略的正确性与有效性。

目前，数据处理已广泛地应用于办公自动化、企事业计算机辅助管理与决策、情报检索、图书管理、电影电视动画设计、会计电算化等各行各业。信息正在形成独立的产业，多媒体技术使信息展现在人们面前的不仅是数字和文字，也有声情并茂的声音和图像信息。

3．辅助技术（或计算机辅助设计与制造）

计算机辅助技术包括 CAD、CAM 和 CAI 等。

（1）计算机辅助设计（Computer Aided Design，CAD）

计算机辅助设计是利用计算机系统辅助设计人员进行工程或产品设计，以实现最佳设计效果的一种技术。它已广泛地应用于飞机、汽车、机械、电子、建筑和轻工等领域。例如，在电子计算机的设计过程中，利用 CAD 技术进行体系结构模拟、逻辑模拟、插件划分、自动布线等，从而大大提高了设计工作的自动化程度。又如，在建筑设计过程中，可以利用 CAD 技术进行力学计算、结构计算、绘制建筑图纸等，这样不但提高了设计速度，而且可以大大提高设计质量。

（2）计算机辅助制造（Computer Aided Manufacturing，CAM）

计算机辅助制造是利用计算机系统进行生产设备的管理、控制和操作的过程。例如，在产品的制造过程中，用计算机控制机器的运行，处理生产过程中所需的数据，控制和处理材料的流动以及对产品进行检测等。使用 CAM 技术可以提高产品质量，降低成本，缩短生产周期，提高生产率和改善劳动条件。

将 CAD 和 CAM 技术集成，实现设计生产自动化，这种技术被称为计算机集成制造系统（CIMS）。它的实现将真正做到无人化工厂（或车间）。

（3）计算机辅助教学（Computer Aided Instruction，CAI）

计算机辅助教学是利用计算机系统使用课件来进行教学。课件可以用制作工具或高级语言来开发制作，它能引导学生循序渐进地学习，使学生轻松自如地从课件中学到所需要的知识。CAI 的主要特色是交互教育、个别指导和因人施教。

4．过程控制（或实时控制）

过程控制是利用计算机及时采集检测数据，按最优值迅速地对控制对象进行自动调节或自动控制。采用计算机进行过程控制，不仅可以大大提高控制的自动化水平，而且可以提高控制的及时性和准确性，从而改善劳动条件、提高产品质量及合格率。因此，计算机过程控制已在机械、冶金、石油、化工、纺织、水电、航天等部门得到广泛的应用。

例如，在汽车工业方面，利用计算机控制机床、控制整个装配流水线，不仅可以实现精度要求高、形状复杂的零件加工自动化，而且可以使整个车间或工厂实现自动化。

5．人工智能（或智能模拟）

人工智能（Artificial Intelligence）是计算机模拟人类的智能活动，如感知、判断、理解、学习、问题求解和图像识别等。现在人工智能的研究已取得不少成果，有些已开始走向实用阶段。例如，能模拟高水平医学专家进行疾病诊疗的专家系统，具有一定的思维能力的智能机器人等。

6．网络应用

计算机技术与现代通信技术的结合构成了计算机网络。计算机网络的建立，不仅解决了一个单位、一个地区、一个国家中计算机与计算机之间的通信，各种软、硬件资源的共享，也大大促进了国际间的文字、图像、视频和声音等各类数据的传输与处理。

1.1.4　计算机的分类

计算机按其规模、速度和功能的不同，可分为：

（1）巨型计算机：又称为超级计算机。特点是高速度、大容量。主要应用于科学计算、互联网智能搜索、资源勘探、生物医药研究、航空航天装备研制、金融工程、新材料开发等方面。

（2）大型计算机：其特点是速度快，具有丰富的外部设备和功能强大的软件。主要应用于计算机中心和计算机网络。

（3）小型计算机：其特点是结构简单、成本较低、性能价格比突出。主要应用于企业管理、银行、学校等单位。

（4）微型计算机：其特点是体积小、质量轻、价格低，功能较全、可靠性高、操作方便等。现在已经进入社会的各个领域。

（5）单片机：其特点是体积小、质量轻、价格便宜。主要应用于仪器仪表、电子产品、家电、工业过程控制、安全防卫、汽车及通信系统、计算机外部设备等。

1.1.5　计算机的新技术

最新计算机技术，现在正面临着一系列新的重大变革。冯·诺伊曼体制的简单硬件与专门逻辑已不能适应软件日趋复杂、课题日益繁杂庞大的趋势，要求创造服从于软件需要和课题自然逻辑的新体制。并行、联想、专用功能化以及硬件、固件、软件相复合，是新体制的重要实现方法。计算机将由信息处理、数据处理过渡到知识处理，知识库将取代数据库。自然语言、模式、图像、手写体等进行人-机会话将是输入/输出的主要形式，使人-机关系达到高级的程度。砷化镓器件将取代硅器件。

云计算是网格计算、分布式计算、并行计算、效用计算、网络存储虚拟化（Virtualization）、负载均衡（Load Balance）等传统计算机技术和网络技术发展融合的产物。它旨在通过网络把多个成本相对较低的计算实体整合成一个具有强大计算能力的完美系统，并借助 SaaS、PaaS、IaaS、MSP 等先进的商业模式把这种强大的计算能力分布到终端用户手中。Cloud Computing 的一个核心理念就是通过不断提高"云"的处理能力，进而减少用户终端的处理负担，最终使用户终端简化成一个单纯的输入/输出设备，并能按需享受"云"的强大计算处理能力。

计算机的关键技术继续发展，未来的计算机技术将向超高速、超小型、平行处理、智能化的方向发展。尽管受到物理极限的约束，采用硅芯片的计算机的核心部件 CPU 的性能还会持续增长。作为 Moore 定律驱动下成功企业的典范 Intel 公司在 2001 年推出约 1 亿个晶体管的微处理器，并在 2010 年推出集成约 10 亿个晶体管的微处理器，其性能为 10 万 MIPS（100 亿条指令／秒）。而每秒 100 万亿次的超级计算机已在 21 世纪初出现。超高速计算机将采用平行处理技术，使计算机系统同时执行多条指令或同时对多个数据进行处理，这是改进计算机结构、提高计算机运行速度的关键技术。同时计算机将具备更多的智能成分，它将具有多种感知能力、一定的思考与判断能力及一定的自然语言能力。除了提供自然的输入手段（如语音输入、手写输入）外，让人能产生身临其境感觉的各种交互设备已经出现，虚拟现实技术是这个领域发展的集中体现。传统的磁存储、光盘存储容量继续攀升，新的海量存储技术趋于成熟，新型的存储器每立方厘米存储容量可达 10TB（以一本书 30 万字计，它可存储约 150 万本书）。信息的永久存储也将成为现实，千年存储器正在研制中，这样的存储器可以抗干扰、抗高温、防震、防水、防腐蚀。如是，今日的大量文献可以原汁原味地保存，并流芳百世。

1.1.6 未来计算机的发展趋势

按照摩尔定律，每过 18 个月，微处理器硅芯片上晶体管的数量就会翻一番。随着大规模集成电路工艺的发展，芯片的集成度越来越高，也越来越接近工艺甚至物理的上限，最终，晶体管会变得只有几个分子那样小。在这样小的距离内，起作用的将是"古怪"的量子定律，电子从一个地方跳到另一个地方，甚至越过导线和绝缘层，从而发生致命的短路。

以摩尔速度发展的微处理器使全世界的微电子技术专家面临着新的挑战。尽管传统的、基于集成电路的计算机短期内还不会退出历史舞台，但旨在超越它的超导计算机、纳米计算机、光计算机、DNA 计算机和量子计算机正在跃跃欲试。

1. 超导计算机

所谓超导，是指在接近绝对零度的温度下，电流在某些介质中传输时所受阻力为零的现象。1962 年，英国物理学家约瑟夫逊提出了"超导隧道效应"，与传统的半导体计算机相比，使用被称作"约瑟夫逊器件"的超导元件制成的计算机的耗电量仅为其几千分之一，而执行一条指令所需时间却要快上 100 倍。

1999 年 11 月，日本超导技术研究所与企业合作，在超导集成电路芯片上密布了 1 万个约瑟夫逊元件。此项成果使日本朝着制造超导计算机的方向迈进了一大步。据悉，这家研究所定于 5 年后生产这种超导集成电路，在 10 年后制造出使用这种集成电路的超导计算机。

2. 纳米计算机

科学家发现，当晶体管的尺寸缩小到 0.1 μm（100 nm）以下时，半导体晶体管赖以工作的基本原理将受到很大限制。研究人员需另辟蹊径，才能突破 0.1 μm 界限，实现纳米级器件。现代商品化大规模集成电路上元器件的尺寸约为 0.35 μm（即 350 nm），而纳米计算机的基本元器件尺寸只有几纳米到几十纳米。

目前，在以不同原理实现纳米级计算方面，科学家提出四种工作机制：电子式纳米计算技术、基于生物化学物质与 DNA 的纳米计算机、机械式纳米计算机和量子波相干计算。它们有可能发展成为未来纳米计算机技术的基础。

像硅微电子计算技术一样，电子式纳米计算技术仍然利用电子运动对信息进行处理。不同的是，前者利用固体材料的整体特性，根据大量电子参与工作时所呈现的统计平均规律；后者利用的是在一个很小的空间（纳米尺度）内，有限电子运动所表现出来的量子效应。

3．光计算机

与传统硅芯片计算机不同，光计算机用光束代替电子进行运算和存储：它以不同波长的光代表不同的数据，以大量的透镜、棱镜和反射镜将数据从一个芯片传送到另一个芯片。运算速度快，光开关每秒可进行 1 万亿次逻辑动作，很容易实现并行处理信息，光信息在交叉时也不会发生干扰，在空间可实现几十万条光束同时传递，不产生热，噪声小。

从采用的元器件看，光计算机有全光学型和光电混合型。1990 年，贝尔实验室研制成功的那台机器就采用了混合型结构。相比之下，全光学型计算机可以达到更高的运算速度。

然而，要想研制出光计算机，需要开发出可用一条光束控制另一条光束变化的光学"晶体管"。现有的光学"晶体管"庞大而笨拙，若用它们造成台式计算机将有一辆汽车那么大。因此，要想在短期内使光计算机实用化还很困难。

4．DNA 生物计算机

1994 年 11 月，美国南加州大学的阿德勒曼博士提出一个奇思妙想，即以 DNA 碱基对序列作为信息编码的载体，利用现代分子生物技术，在试管内控制酶的作用下，使 DNA 碱基对序列发生反应，以此实现数据运算。阿德勒曼在《科学》上公布了 DNA 计算机的理论，引起了各国学者的广泛关注。

在过去的半个世纪里，计算机的意义几乎完全等同于物理芯片。然而，阿德勒曼提出的 DNA 计算机拓宽了人们对计算现象的理解，从此，计算不再只是简单的物理性质的加减操作，而又增添了化学性质的切割、复制、粘贴、插入和删除等方式。

DNA 计算机的最大优点在于其惊人的存储容量和运算速度：1 cm^3 的 DNA 存储的信息比 1 万亿张光盘存储的还多；十几个小时的 DNA 计算，就相当于所有计算机问世以来的总运算量。更重要的是，其能耗非常低，只有电子计算机的一百亿分之一。

5．量子计算机

量子计算机以处于量子状态的原子作为中央处理器和内存，利用原子的量子特性进行信息处理。由于原子具有在同一时间处于两个不同位置的奇妙特性，即处于量子位的原子既可以代表 0 或 1，也能同时代表 0 和 1 以及 0 和 1 之间的中间值，故无论从数据存储还是处理的角度，量子位的能力都是晶体管电子位的两倍。对此，有人曾经做过这样一个比喻：假设一只老鼠准备绕过一只猫，根据经典物理学理论，它要么从左边过，要么从右边过，而根据量子理论，它却可以同时从猫的左边和右边绕过。

量子计算机与传统计算机在外形上有较大差异：它没有传统计算机的盒式外壳，看起来像是一个被其他物质包围的巨大磁场；它不能利用硬盘实现信息的长期存储，但高效的运算能力使量子计算机具有广阔的应用前景，这使众多国家和科技实体乐此不疲。尽管目前量子计算机的研究仍处于实验室阶段，但不可否认，终有一天它会取代传统计算机进入寻常百姓家。

1.1.7 信息技术的发展

信息技术的发展历程分五个阶段：

第一次信息技术革命是语言的使用。发生在距今 35 000～50 000 年前。

第二次信息技术革命是文字的创造。大约在公元前 3500 年出现了文字。

第三次信息技术革命是印刷的发明。大约在公元 1040 年，我国开始使用活字印刷技术（欧洲人 1451 年开始使用印刷技术）。

第四次信息技术革命是电报、电话、广播和电视的发明与普及应用。1837 年，美国人莫尔斯研制了世界上第一台有线电报机。电报机利用电磁感应原理（有电流通过，电磁体有磁性，无电流通过，电磁体无磁性），使电磁体上连着的笔发生转动，从而在纸带上画出点、线符号。这些符号的适当组合（称为莫尔斯电码），可以表示全部字母，于是文字就可以经电线传送出去了。1844 年 5 月 24 日，人类历史上的第一份电报从美国国会大厦传送到了 40 英里外的巴尔的摩城。1864 年，英国著名物理学家麦克斯韦发表了一篇论文《电与磁》，预言了电磁波的存在。1876 年 3 月 10 日，美国人贝尔用自制的电话与他的助手通了话。1895 年，俄国人波波夫和意大利人马可尼分别成功地进行了无线电通信实验。1894 年，电影问世。1925 年，英国首次播映电视。

第五次信息技术革命是始于 20 世纪 60 年代，其标志是电子计算机的普及应用及计算机与现代通信技术的有机结合。可以说是信息技术的最大变革，我们的生活、学习和工作方式都随之发生了巨大的变化。

任务 1.2　数制与编码

1.2.1　数制的基本概念

1. 数制

数制又称为计数制，是用一组固定的符号和统一的规则来表示数值的方法。人们通常采用的数制有十进制、二进制、八进制和十六进制。

2. 进位计数制

常用的数制都采用了进位计数制，简称进位制，是按进位方式实现计数的一种规则。进位计数制涉及数码、基数和位权这 3 个概念。

数码：一组用来表示某种数制的符号。

基数：数制所使用的数码个数。

位权：数码在不同位置上的倍率值，对于 N 进制数，整数部分第 i 位的位权为 N^i，而小数部分第 j 位的位权为 N^j。

1.2.2　二进制数、八进制数、十进制数和十六进制数

1. 常用的数制表示

十进制：基数为 10，有 10 个计数符号：0、1、2、……9。运算规则是"逢十进一"。

二进制：基数为 2，有 2 个计数符号：0 和 1。运算规则是"逢二进一"。

八进制：基数为 8，有 8 个计数符号：0、1、2、……7。运算规则是"逢八进一"。

十六进制：基数为 16，有 16 个计数符号：0～9，A，B，C，D，E，F。其中 A～F 对应十进制的 10～15。运算规则是"逢十六进一"。

2. 数值的按权展开式

十进制数（34958.34）$_{10}$=$3\times10^4+4\times10^3+9\times10^2+5\times10^1+8\times10^0+3\times10^{-1}+4\times10^{-2}$

二进制数（100101.01）$_2$=$1\times2^5+0\times2^4+0\times2^3+1\times2^2+0\times2^1+1\times2^0+0\times2^{-1}+1\times2^{-2}$

一般而言，对于任意的 R 进制数 $a_{n-1}a_{n-2}\cdots a_1a_0a_{-1}\cdots a_{-m}$（其中 n 为整数位数，m 为小数位数），可以表示为下面的和式，该式称为该数的按权展开式：

$a_{n-1}\times R^{n-1}+a_{n-2}\times R^{n-2}+\cdots+a_1\times R^n+a_0\times R^0+a_{-1}\times R^{-1}+\cdots+a_{-m}\times R^{-m}$（其中 R 为基数）。

1.2.3　数制间的转换

1. 在计算机内部使用二进制来表示信息

使用二进制来表示信息的原因如下。

（1）可行性

采用二进制，只有 0 和 1 两个状态，能够表示 0、1 两种状态的电子器件很多，如开关的接通和断开，晶体管的导通和截止，磁元件的正负剩磁，电位电平的低与高等。使用二进制，电子器件具有实现的可行性。

（2）简易性

二进制数的运算法则少，运算简单，使计算机运算器的硬件结构大大简化（十进制的乘法九九口诀表有 55 条公式，而二进制乘法只有 4 条规则）。

（3）逻辑性

由于二进制 0 和 1 正好与逻辑代数的假（false）和真（true）相对应，有逻辑代数的理论基础，用二进制表示二值逻辑很自然。

2. 二进制数的算术运算

二进制数的算术运算与十进制数类似，但其运算规则更为简单，其规则见表 1-2。

表 1-2　二进制数的运算规则

加　　法	乘　　法	减　　法	除　　法
0+0=0		0-0=0	0÷0=（没有意义）
0+1=1	0×0=0	1-0=1	0÷1=0
1+0=1	0×1=0	1-1=0	
1+1=0	1×0=0		1÷0=（没有意义）
（逢二进一）	1×1=1	0-1=1	1÷1=1
		（借一当二）	

3. 二进制数的逻辑运算

逻辑运算的结果只有"真"或"假"两个值，一般用"1"表示真，用"0"表示假。逻辑值的每一位表示一个逻辑值，逻辑运算是按对应位进行的，每位之间相互独立，不存在进位和借位关系，运算结果也是逻辑值。

基本的逻辑运算有"或""与"和"非"三种，其他复杂的逻辑关系都可以由这三种基本的逻辑运算组合而得到。

"或"运算符可用+、OR、∪ 或 ∨ 表示。逻辑"或"的运算规则如下：

0+0=0　　　　　　0+1=1　　　　　　1+0=1　　　　　　1+1=1

即两个逻辑位进行"或"运算，只要有一个为"真"，逻辑运算的结果为"真"。

"与"运算符可用 AND、·、×、∩ 或∧表示。逻辑"与"的运算规则如下：

$0×0=0$ $0×1=0$ $1×0=0$ $1×1=1$

即两个逻辑位进行"与"运算，只要有一个为"假"，逻辑运算的结果便为"假"。

"非"运算常在逻辑变量上加一条横线表示。逻辑"非"的运算规则如下：

$\bar{1}=0$ $\bar{0}=1$

即对逻辑位求反。

4．不同数制间的转换

（1）R 进制到十进制的转换

任意 R 进制数到十数制数的转换采用写出按权展开式，并按十进制计算方法算出结果的方法。

例 1：二进制数 $(100101.01)_2=1×2^5+0×2^4+0×2^3+1×2^2+0×2^1+1×2^0+0×2^{-1}+1×2^{-2}=(37.25)_{10}$

例 2：八进制数 $(1325.24)_8=1×8^3+3×8^2+2×8^1+5×8^0+2×8^{-1}+4×8^{-2}=(725.3125)_{10}$

例 3：十六进制数 $(2BA.4)_{16}=2×16^2+11×16^1+10×16^0+4×16^{-1}=(698.25)_{10}$

（2）十进制数转换为 R 进制数

十数制数到任意 R 进制数的转换采用基数乘除法，整数和小数部分必须分别遵守不同的转换规则。对于整数部分：采用除 R 取余，逆序排列的方法，即整数部分不断除以 R 取余数，直到商为 0 为止，最先得到的余数为最低位，最后得到的余数为最高位。对小数部分：采用乘 R 取整，顺序排列的方法，即小数部分不断乘以 R 取整数，直到小数为 0 或达到有效精度为止，最先得到的整数为最高位（最靠近小数点），最后得到的整数为最低位。

为了将一个既有整数部分又有小数部分的十进制数转换成 R 进制数，可以将其整数部分和小数部分分别转换，然后再组合。

（3）二进制数与八进制数、十六进制数间的转换

八进制和十六进制的基数 8 和 16 都是 2 的整数次幂，因此 3 位二进制数相当于 1 位八进制数，4 位二进制数相当于 1 位十六进制数，它们之间的转换关系也相当简单。将二进制数转换成八（或十六）进制数时，以小数点为中心分别向两边分组，每 3（或 4）位为一组，整数部分向左分组，不足位数左补 0。小数部分向右分组，不足部分右边加 0 补足，然后将每组二进制数转化成对应的八（或十六）进制数即可。将八进制数、十六进制数转换为二进制时，方法类似，只需将每位八（或十六）进制数展开为 3（或 4）位二进制数即可。转换结果中，整数前的高位零和小数后的低位零均可取消。

1.2.4　计算机内的数据

1．数据

数据是描述客观事物的、能够被识别的各种物理符号，包括字符、符号、表格、声音和图形、图像等。数据有两种形式。一种形态为人类可读形式的数据，简称人读数据。例如图书资料、音像制品等，都是特定的人群才能理解的数据。另一种形式为机器可读形式的数据，简称机读数据。如印刷在物品上的条形码，录制在磁带、磁盘、光盘上的数码，穿在纸带和卡片上的各种孔等，都是通过特制的输入设备将这些信息传输给计算机处理，它们都属于机器可读数据。显然，机器可读数据使用了二进制数据的形式。

1.2.5　西文字符的编码

微型机采用 ASCII 码。ASCII 码是美国标准信息交换码，被国际标准化组织（ISO）指定为国际标准，ASCII 码有 7 位码和 8 位码两种版本。国际通用的 7 位 ASCII 码称为 ISO 646 标准，用 7 位二进制数表示一个字符的编码，其编码范围为 0000000B～1111111B，共有 2^7=128 个不同的编码值。扩展的 ASCII 码使用 8 位二进制位表示一个字符的编码，可表示 2^8=256 个不同字符的编码。

1.2.6　汉字的编码

1．汉字信息交换码（国标码）

汉字交换码是指不同的具有汉字处理功能的计算机系统之间在交换汉字信息时所使用的代码标准。自国家标准 GB2312—1980 公布以来，我国一直沿用该标准所规定的国标码作为统一的汉字信息交换码。GB2312—1980 标准包括了 6763 个汉字，按其使用频度分为一级汉字 3755 个和二级汉字 3008 个。一级汉字按拼音排序，二级汉字按部首排序。此外，该标准还包括标点符号、数种西文字母、图形、数码等符号 682 个。

区位码的区码和位码均采用从 01 到 94 的十进制。国标码采用十六进制的 21H 到 73H（数字后加 H 表示其为十六进制数）。区位码和国标码的换算关系是：区位码中的区码和位码分别加上十进制数 32 就是国标码。如"国"字在表中的 25 行 90 列，其区位码为 2590，国标码是 397AH。

2．汉字输入码

为了将汉字输入计算机而编制的代码称为汉字输入码，又称为外码。目前汉字主要是经标准键盘输入计算机的，所以汉字输入码都是由键盘上的字符或数字组合而成的。

3．汉字内码

汉字内码是为了在计算机内部对汉字进行存储、处理和传输的汉字代码，它应能满足存储、处理和传输的要求。当一个汉字输入计算机后就被转换为内码，然后才能在机器内传输、处理。汉字内码的形式是多种多样的。

4．汉字字形码

输出汉字时，根据内码在字库中查到其字形描述信息，然后显示和打印输出。描述汉字字形的方法主要有点阵字形和轮廓字形两种。汉字字形通常分为通用型和精密型。通用型汉字字形点阵分成 3 种：简易型 16×16 点阵；普通型 24×24 点阵；提高型 32×32 点阵。精密型汉字字形用于常规的印刷排版，通常采用信息压缩存储技术。汉字的点阵字形的缺点是放大后会出现锯齿现象，很不美观。

5．汉字地址码

汉字地址码是指汉字库中存储汉字字形信息的逻辑地址码。

6．各种汉字代码之间的关系

汉字的输入、处理和输出的过程，实际上是汉字的各种代码之间的转换过程，或者是说汉字代码在系统有关部件之间流动的过程。汉字输入码向内码的转换，是通过使用输入字典实现的。

7．汉字字符集简介

GB2312—1980 汉字编码：GB2312 码是中华人民共和国国家标准汉字信息交换用编码，习惯上称为国际码、GB 码或区位码。它是一个简化字汉字的编码。

GBK 编码：GBK 也是一个汉字编码标准。GBK 向下与 GB2312—1980 编码兼容，向上支持 ISO 10646.1 标准。

GB18030—2000 汉字编码：GB18030—2000 编码标准是在原 GB2312—1980 编码标准和 GBK 编码标准基础上扩展而成的。GB18030—2000 支持全部 CJK 统一汉字字符。

BIG 5 码：通行于中国台湾、香港地区的一个繁体字编码方案，俗称"大五码"，广泛应用于计算机业和互联网。

8. 整数的编码表示

数值型信息类型有整数和实数。

机器数是在计算机内部，表示整数和实数的二进制编码。机器数的位数（字长）由 CPU 的硬件决定，通常是 2^K（n）位。例如 8 位、16 位、32 位、64 位、128 位、256 位。Pentium 处理器的机器数：32 位 / 64 位，但也有例外，如 14 位、40 位等。

整数的编码表示一般不使用小数点，或者认为小数点固定隐含在个位数的右面。整数是"定点数"的特例。整数有时也混称"定点数"。

整数又分为无符号的整数和带符号的整数两类。无符号的整数（Unsigned Integer）是正整数。如字符编码、地址、索引等。带符号的整数（Signed Integer）是正整数或负整数。如描述一些有正有负的数值。

（1）无符号整数的编码表示

无符号整数的编码表示方法是用一个机器数表示一个不带符号的整数。其取值范围由机器数的位数决定。

8 位：可表示 0～255 范围内的所有正整数。最小值是 00000000，最大值是 11111111。

16 位：可表示 0～65535 范围内的所有正整数。

n 位：可表示 0～2^n-1 范围内的所有正整数。

不带符号的整数在运算过程中，若其值超出了机器数可以表示的范围时将发生溢出现象。溢出后的机器数的值已经不是原来的数据。例如：4 位机器数，当计算"1111+0011"时发生进位溢出，应该是 10010，但只有 4 位，进位被丢掉了，其计算结果为 0010。注意，加减都有溢出问题。

（2）带符号整数的编码表示（原码、反码、补码）

原码

原码编码方法是：机器数的最高位表示整数的符号（0 代表正数，1 代表负数），其余位以二进制形式表示数据的绝对值。

原码长度（一般情况下）：1、2、4、8 个字节数（如 8 位、16 位、32 位、64 位等）。

原码举例（8 位原码）：[+125]$_{原码}$=01111101，[-4]$_{原码}$=10000100。

原码可表示的整数范围是：

● 8 位原码： $1-2^7$～2^7-1（-127～127）范围内的所有整数。

● 16 位原码： $-(2^{15}-1)$～$2^{15}-1$（-32767～32767）范围内的所有整数。

● n 位原码： $-2^{(n-1)}+1$～$2^{(n-1)}-1$ 范围内的所有整数。

原码表示的优点是与日常使用的表示方法比较一致，简单、直观。其缺点是加法运算与减法运算的规则不一致，整数 0 有 00000000 和 10000000 两种表示形式。

计算机内部通常不采用原码而采用补码的形式表示带符号的整数。

反码

反码的编码方法是：正整数的反码与其原码形式相同；负整数的反码等于其原码除最高符号位保持不变外，其余每一位取反。

举例（8 位）：［+33］原码＝［00100001B］原码＝［00100001B］反码

［-33］原码＝［10100001B］原码＝［11011110B］反码

补码

补码的编码方法是：正整数的补码与其原码形式相同；负整数的补码等于其原码除最高符号位保持不变外，其余每一位取反，并在末位再加 1 运算后所得到的结果。

举例（8 位）：［+33］原码＝［00100001B］原码＝［00100001B］反码＝［00100001B］补码

［-33］原码＝［10100001B］原码＝［11011110B］反码＝［11011111B］补码

补码运算规则是：

- ［X+Y］补码＝［X］补码+［Y］补码
- ［X-Y］补码＝［X］补码+［-Y］补码

补码表示的整数范围是：

- 8 位补码：$-2^7 \sim 2^7-1$（$-128 \sim 127$）范围内的所有整数。其中规定补码 10000000 表示 128。
- n 位补码：$-2^{(n-1)} \sim 2^{(n-1)}-1$ 范围内的所有整数。

补码的优点是：①能将减法运算转换为加法运算，便于 CPU 做运算处理。［X-Y］补＝［X］补+［-Y］补。②原码和补码的表示位数相同，补码可表示整数的个数比原码多一个（整数 0 只有一种表示形式）。

补码的缺点是不直观。

（3）BCD 编码

二进制编码的十进制整数（Binary Coded Decimal，BCD）使用 4 个二进制位的组合表示 1 位十进制数字，即用 4 个二进制位产生 16 个不同的组合，用其中的 10 个分别对应表示十进制中的 10 个数字，其余 6 个组合为无效。符号用一个 0 或 1 表示。例如［-53］BCD＝101010011。

任务 1.3 指令和程序设计语言

1.3.1 计算机指令

计算机指令就是指挥机器工作的指示和命令，程序就是一系列按一定的顺序排列的指令，执行程序的过程就是计算机的工作过程。

控制器靠指令指挥机器工作，人们用指令表达自己的意图，并交给控制器执行。一台计算机所能执行的各种不同指令的全体，叫作计算机的指令系统，每一台计算机均有自己的特定的指令系统，其指令内容和格式有所不同。

通常一条指令包括两方面的内容：操作码和操作数，操作码决定要完成的操作，操作数指参加运算的数据及其所在的单元地址。

在计算机中，操作要求和操作数地址都由二进制数码表示，分别称作操作码和地址码，整条指令以二进制编码的形式存放在存储器中。

1.3.2 程序设计语言

计算机程序设计语言的发展，经历了从机器语言、汇编语言到高级语言的历程。

1．机器语言

电子计算机所使用的是由"0"和"1"组成的二进制数，二进制是计算机语言的基础。计算机发明之初，人们只能降贵纡尊，用计算机的语言去命令计算机执行特定的任务一句话，就是写出一串串由"0"和"1"组成的指令序列交由计算机执行，这种语言就是机器语言。使用机器语言是十分痛苦的，特别是在程序有错需要修改时，更是如此。而且，由于每台计算机的指令系统往往各不相同，所以，在一台计算机上执行的程序，要想在另一台计算机上执行，必须另编程序，造成了重复工作。但由于使用的是针对特定型号计算机的语言，故而运算效率是所有语言中最高的。机器语言是第一代计算机语言。

2．汇编语言

为了减轻使用机器语言编程的痛苦，人们进行了一种有益的改进：用一些简洁的英文字母、符号串来替代一个特定的指令的二进制串，比如，用"ADD"代表加法，"MOV"代表数据传递，等等，这样一来，人们很容易读懂并理解程序在干什么，纠错及维护都变得方便了，这种程序设计语言就称为汇编语言，即第二代计算机语言。然而计算机是不认识这些符号的，这就需要一个专门的程序，专门负责将这些符号翻译成二进制数的机器语言，这种翻译程序被称为汇编程序。

汇编语言同样十分依赖于机器硬件，移植性不好，但效率仍十分高，针对计算机特定硬件而编制的汇编语言程序，能准确发挥计算机硬件的功能和特长，程序精练而质量高，所以至今仍是一种常用而强有力的软件开发工具。

3．高级语言

从最初与计算机交流的痛苦经历中，人们意识到，应该设计一种接近于数学语言或人的自然语言，同时又不依赖于计算机硬件，编出的程序能在所有机器上通用。经过努力，1954 年，第一个完全脱离机器硬件的高级语言——FORTRAN 问世了，40 多年来，共有几百种高级语言出现，有重要意义的有几十种，影响较大、使用较普遍的有 FORTRAN、ALGOL、COBOL、BASIC、LISP、SNOBOL、PL/1、Pascal、C、PROLOG、Ada、C ++、VC、VB、Delphi、Java 等。

高级语言的发展也经历了从早期语言到结构化程序设计语言，从面向过程到非过程化程序语言的过程。相应地，软件的开发也由最初的个体手工作坊式的封闭式生产，发展为产业化、流水线式的工业化生产。

20 世纪 60 年代中后期，软件越来越多，规模越来越大，而软件的生产基本上是人自为战，缺乏科学规范的系统规划与测试、评估标准，其恶果是大批耗费巨资建立起来的软件系统，由于含有错误而无法使用，甚至带来巨大损失，软件给人的感觉是越来越不可靠，以致几乎没有不出错的软件。这一切，极大地震动了计算机界，史称"软件危机"。人们认识到：大型程序的编制不同于写小程序，它应该是一项新的技术，应该像处理工程一样处理软件研制的全过程。程序的设计应易于保证正确性，也便于验证正确性。1969 年，提出了结构化程序设计方法，1970 年，第一个结构化程序设计语言——Pascal 语言出现，标志着结构化程序设计时期的开始。

从 20 世纪 80 年代初开始，在软件设计思想上，又产生了一次革命，其成果就是面向对象的程序设计。在此之前的高级语言，几乎都是面向过程的，程序的执行是流水线似的，在一个模块被执行完成前，人们不能干别的事，也无法动态地改变程序的执行方向。这和人们日常处理事物的方式是不一致的，对人而言是希望发生一件事就处理一件事，也就是说，不能面向过程，而应是面向具体的应用功能，也就是对象（Object）。其方法就是软件的集成化，如同硬件的集成电路一样，生产一些通用的、封装紧密的功能模块，称之为软件集成块，它与具体应用无关，但能相互组合，完成具体的应用功能，同时又能重复使用。对使用者来说，只关心它的接口（输入量、输出量）及能实现的功能，而如何实现是它内部的事，完全不用关心，C++、VB、Delphi 就是典型代表。

任务 1.4　计算机系统的组成

计算机已经成为人们日常工作、学习和生活中一个重要装备，对于还没有购置计算机的，或者希望把已有的旧计算机换掉的用户，你是直接购买品牌机，还是自己"DIY"一台计算机？

组装机以其随意的自主性和很高的性价比得到了很多人的认同，品牌机具有性能稳定以及良好的售后服务等优点受到人们的欢迎。结合自身学习与工作实际，如何选购配置一台计算机？组装好计算机硬件之后，怎样才能使计算机运作起来呢？为了完成计算机的选购与配置任务，下面我们首先要了解计算机系统的组成，然后完成计算机硬件与软件系统的选购与配置。

冯·诺依曼等人在 1946 年提出了一个完整的现代计算机雏形，计算机由运算器、控制器、存储器、输入设备和输出设备五大部分组成。在冯·诺依曼体系结构的计算机中，数据和程序以二进制代码形式存放在存储器中，控制器是根据存放在存储器中的指令序列（程序）进行工作的，控制器具有判断能力，能以计算结果为基础，选择不同的工作流程。

计算机系统是一个整体的概念，无论是大型机、小型机，还是微型机，都是由计算机硬件系统（简称硬件）和计算机软件系统（简称软件）两大部分组成的，如图 1-3 所示。

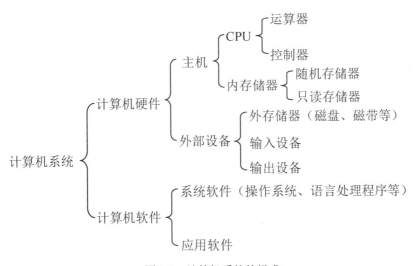

图 1-3　计算机系统的组成

1.4.1　计算机的硬件组成

（一）微型计算机的硬件系统

从外观上来看，微型计算机的硬件系统由主机和外部设备（简称外设）两部分组成。主机有卧式和立式两种机箱。主机内有主板（又称为系统板或母板）、中央处理器（CPU）、内部存储器（简称内存或内存条）、部分外部存储（简称外存，如硬盘、软盘驱动器、光盘驱动器等）、电源、显示适配器（又称为显示卡）等。台式机如图 1-4 所示。

外部设备是指除主机以外的设备，包括键盘、鼠标、扫描仪等输入设备和显示器、打印机等输出设备。不管是最早的 PC 还是现在的主流计算机，它们的基本构成都包括主机、键盘和显示器。

图 1-4　台式机

微处理器送出三组总线：地址总线 AB、数据总线 DB 和控制总线 CB。其他电路（常称为芯片）都可以连接到这三组总线上。

1. 中央处理器

微机的中央处理器又称为微处理器，它是一块超大规模的集成电路，是计算机系统的核心，包括运算器和控制器两个部件，它是微机系统的核心，如图 1-5 所示。它的功能主要是解释计算机指令以及处理计算机软件中的数据。计算机所发生的全部动作都受 CPU 的控制。

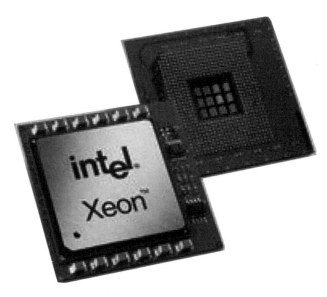

图 1-5　中央处理器

控制器是整个计算机的神经中枢，用来协调和指挥整个计算机系统的操作，它本身不具有运算功能，而是通过读取各种指令，并对其进行翻译、分析，而后对各部件作出相应的控制。它主要由指令寄存器、译码器、程序计数器和时序电路等组成。

运算器主要完成各种算术运算和逻辑运算，是对信息加工和处理的部件，它主要由算术逻辑部件、寄存器组组成。算术逻辑部件主要完成对二进制数的算术运算（加、减、乘、除等）和逻辑运算（或、与、非等）以及各种移位操作。寄存器组一般包括累加器、数据寄存器等，主要用来保存参加运算的操作数和运算结果，状态寄存器则用来记录每次运算结果的状态，如结果为零或非零、是正或负等。

中央处理器品质的高低直接决定了计算机的档次。CPU 能够直接处理的数据位数是 CPU 品质的一个重要标志。人们通常所说的 16 位机、32 位机、64 位机便是指 CPU 可同时处理 16 位、32 位、64 位的二进制数。早期的 286 机均是 16 位机，386、486 机和 Pentium 机是 32 位机，现在主流配置 i5、i7 CPU 的计算机已是 64 位机了。

目前，大多数微机都使用 Intel 公司生产的 CPU。Intel 公司成立于 1968 年，从 1971 年开始推出 4 位微处理器至今，已生产出奔腾、酷睿系列微处理器，2008 年推出了 64 位四核 CPU 酷睿 i7，在 2013 年 6 月 4 日发布了四代 CPU "Haswell"，对应主板芯片为 Z87、H87、Q87 等 8 系列晶片组，"Haswell" CPU 将会用于笔记型本电脑、桌上型 CEO 套装电脑以及 DIY 零组件 CPU，陆续替换现行的第三代 "Ivy Bridge"。

2．存储器

存储器是用来存放程序和数据的记忆装置。对存储器而言，容量越大，存取速度越快越好。计算机中的操作，大量的是与存储器之间的信息交换，存储器的工作速度相对于 CPU 的运算速度要低得多，因此存储器的工作速度是制约计算机运算速度的主要因素之一。计算机中的存储器按用途可分为主存储器（内存）和辅助存储器（外存）。外存通常是磁性介质或光盘等，能长期保存信息。内存指主板上的存储部件，用来存放当前正在执行的数据和程序，但仅用于暂时存放程序和数据，关闭电源或断电，数据会丢失。

（1）内存储器

内存储器又称为主存储器，简称内存，可以直接与 CPU 交换信息，用于存放当前使用的数据和正在运行的程序。内存由半导体存储器组成，存取速度较快，内存中的每个字节各有一个固定的编号，这个编号称为地址。CPU 在存储器中存取数据时按地址进行。所谓存储器容量即指存储器中所包含的字节数，通常用 KB 和 MB 作为存储器容量的单位。

内存储器按其工作方式的不同，可以分为随机存储器 RAM 和只读存储器 ROM 两种。RAM 是一种读写存储器，其内容可以随时根据需要读出，也可以随时重新写入新的信息。当电源电压去掉时，RAM 中保存的信息都将会丢失。RAM 在微机中主要用来存放正在执行的程序和临时数据。

ROM 是一种内容只能读出而不能写入和修改的存储器，其存储的信息是在制作该存储器时就被写入的。ROM 常用来存放一些固定的程序、数据和系统软件等，如检测程序、ROM BIOS 等。只读存储器除了 ROM 外，还有 PROM、EPROM 等类型。PROM 是可编程只读存储器，但只可编写一次。与 PROM 器件相比，EPROM 器件是可以反复多次擦除原来写入的内容，重新写入新的内容的只读存储器。不论哪种 ROM，其中存储的信息不受断电的影响，具有永久保存的特点。

由于 CPU 比内存速度快，目前，在计算机中还普遍采用了一种比主存储器存取速度更快的超高速缓冲存储器，即 Cache，置于 CPU 与主存之间，以满足 CPU 对内存高速访问的要求。有了 Cache 以后，CPU 每次读操作都先查找 Cache，如果找到，可以直接从 Cache 中高速读出；如果不在 Cache 中再从主存中读出。

衡量内存的常用指标有容量与速度。2014 年前后，计算机内存的配置越来越大，一般都在 4GB 以上，更有 8GB 内存的电脑。内存主频和 CPU 主频一样，习惯上被用来表示内存的速度，它代表着该内存所能达到的最高工作频率，目前较为主流的内存频率是 2400 MHz 的 DDR4 内存。

目前，市场上的内存品牌主要有金士顿（Kingston）、威刚（ADATA）、宇瞻（Apacer）、海盗船（CORSAIR）、金邦（GeIL）、现代（Hyundai）和三星（Samsung）等。图 1-6 所示的是一款容量 8 GB 的金士顿 HyperX 骇客神条套装，频率为 DDR3-1600。

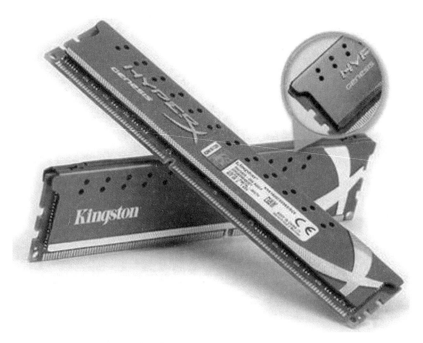

图 1-6　金士顿 HyperX 8GB DDR3-1600 内存

（2）外存储器

外存储器间接和 CPU 交换信息，存取速度慢，但存取容量大，价格低廉，用来存放暂时不用的数据。内存由于技术及价格上的原因，容量有限，不可能容纳所有的系统软件及各种用户程序，因此，计算机系统都要配置外存储器。外存储器又称为辅助存储器，它的容量一般都比较大，而且大部分可以移动，便于不同计算机之间进行信息交流。在微型计算机中，常用的外存有磁盘、光盘和磁带，磁盘又可以分为硬盘和软盘。

①硬盘

硬盘主要用于存放计算机操作系统、各种应用软件和用户数据文件。硬盘分为固态硬盘（SSD）和机械硬盘（HDD）；SSD 采用闪存颗粒来存储，HDD 采用磁性碟片来存储。固态硬盘 SSD（Solid State Disk、IDE FLASH DISK、Serial ATA Flash Disk）在接口规范和定义、功能及使用方法上与普通硬盘完全相同。在产品外形和尺寸上也完全与普通硬盘一致，包括 3.5"、2.5"、1.8"多种类型。由于固态硬盘没有普通硬盘的旋转介质，因而抗震性极佳，同时工作温度很宽，扩展温度的电子硬盘可工作在-45℃～+85℃。广泛应用于军事、车载、工控、视频监控、网络监控、网络终端、电力、医疗、航空、导航设备等领域。

硬盘也可以根据接口类型的不同，主要分为 IDE、SATA 和 SCSI 几种，最常用的是前两种，而 SCSI 接口主要用于服务器。图 1-7 所示的就是一款 SATAIII 接口的硬盘。

图 1-7　SATAⅢ接口的硬盘

衡量硬盘的常用指标有容量、转速、硬盘自带 Cache（缓存）的容量等。容量越大，存储信息量越多；转速越高，存取信息速度越快；Cache 大，计算机整体速度越快。目前微机常用硬盘容量在 4TB 以上，普通硬盘转速为 5400 转、7200 转，高速硬盘 1 万转，普通硬盘有 64MB 的 Cache，而高速硬盘有 128MB 的 Cache。

②光盘

光盘的存储介质不同于磁盘，它属于另一类存储器。由于光盘的容量大、存取速度快、不易受干扰等特点，光盘的应用越来越广泛。光盘根据其制造材料和记录信息方式的不同一般分为三类：只读光盘、一次性写入光盘和可擦写光盘，如图 1-8 所示。现在常用的 DVD 刻录机如图 1-9所示。

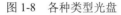

图 1-8　各种类型光盘　　　　　　　　　　图 1-9　DVD 刻录机

③移动硬盘和 U 盘

移动硬盘和 U 盘是两种可移动的便携式外部存储器，其中 U 盘是采用 Flash Memory（一种半导体存储器）制造的移动存储器，它具有掉电后还能保持数据不丢失的特点。一般将它接在 USB接口上，所以也叫 U 盘。两者相比，移动硬盘的容量更大，除可以实现数据移动之外，还是好的资料备份工具。U 盘的容量较小，但更加小巧，且不易损坏，可随时携带。图 1-10 所示的是一款纽曼 80 GB 移动硬盘，图 1-11 是 U 盘产品示例。

图 1-10　纽曼 80 GB 移动硬盘

图 1-11　U 盘产品示例

3．主板

微机的系统板又称为主板，它是一块长方形的印制电路板。主板上集成了软盘接口、硬盘接口、并行接口、串行接口、通用串行总线（Universal Serial Bus，USB）接口、加速图形接口（Accelerated Graphic Ports，AGP）总线、PCI 总线、ISA 总线和键盘接口等，它能够把计算机各个部件紧密地联系在一起。

目前，市场上的主板品牌比较多，主要有华硕、Intel、联想、微星和技嘉等品牌。图 1-12 所示的是 Intel 公司出品的一款主板产品。

图 1-12　主板

4．输入设备

计算机处理的用户信息通常是以数字、文字、符号、图形、图像、声音乃至表示各种物理和化学现象的信息等各种各样的形式表示出来的，而计算机所能存储加工的是以二进制代码表示的信息，因此要处理这些外部信息就必须把它们转换成二进制代码的表示形式。输入设备将要加工处理的外部信息转换成计算机能够识别和处理的内部表示形式即二进制代码，输送到计算机中去。在微型计算机系统中，最常用的输入设备是键盘和鼠标。

（1）键盘

目前微型机所配置的标准键盘有 104（或 107）个按键。104 键盘又称为 Win 95 键盘，这种键盘在原来 101 键盘的左右两边、Ctrl 和 Alt 键之间增加了两个 Windows 键和一个属性关联键。107 键盘比 104 键多了睡眠、唤醒、开机等电源管理键，这 3 个键大部分位于键盘的右上方。其布局如图 1-13 所示，包括数字键、字母键、符号键、控制键和功能键等。

图 1-13 键盘布局

标准键盘的布局分三个区域，即主键盘区、副键盘区和功能键区。主键盘区共有 59 个键，包括数字、符号键（22 个）、字母键（26 个）、控制键（11 个）。副键盘区共有 30 个键，包括光标移动键（4 个）、光标控制键（4 个）、算术运算符键（4 个）、数字键（10 个）、编辑键（4 个）、数字锁定键、打印屏幕键等。功能键共有 12 个，包括 F1～F12。在功能键中前 6 个键的功能是由系统锁定的，后面的 6 个功能键其功能可根据软件的需要由用户自己定义。副键盘的设置用于对文字录入、文本编辑和光标的移动进行控制，功能键的设置和使用，为用户的操作提供了极大的方便。

在键盘的键中，有 4 个"双态键"，它们是 Ins 键（包括"插入状态"和"改写状态"）、Caps Lock 键（包括大写字母状态和锁定状态）、Num Lock 键（包含数字状态和自锁状态）和 Scroll Lock 键（包括滚屏状态和锁定状态）。它们都有状态转换开关，当计算机刚刚启动时，四个双态键都处于第一种状态，所有字母键均固定为小写字母键，再按 Caps Lock 键，指示灯亮，则为大写键；再按该键，指示灯灭，则恢复为小写字母键。

在键盘的键中有 30 个键是"双符"键，即每个键面上有两个字符，如 ②、③ 等键，主键盘区的双符键由 Shift 键控制，副键盘区的双符键由 Num Lock 键控制。另外，在 101 个键中，键面上只有"A～Z"26 个大写英文字母，若要输入大写英文字母，只需在键入前先按下 Caps Lock 键。这些双符键和大小写字母键的转换，在计算机处于刚刚启动时，各双符键都处于下面的字符和小写英文字母的状态。表 1-3 列出了常用键的功能。

表 1-3 常用键的功能

键 位	功 能
"Backspace"退格键	删除光标左边的一个字符，主要用来清除当前行输错的字符
"Shift"换挡键	要输入大写字母或"双符"键上部的符号时按此键
"Ctrl"控制键	常用符号"^"表示。此键与其他键合用，可以完成相应的功能
"Esc"强行退出键	按此键后屏幕上显示"\"且光标下移一行，原来一行的错误命令作废，可在新行中输入正确命令
"Tab"制表定位键	光标将向右移动一个制表位（一般 8 个字符）的位置，主要用于制表时的光标移动

续表

键　位	功　能
"Enter" 回车键	按此键后光标移至下一行行首
"Space" 空格键	输入一个空格字符
"Alt" 组合键	它与其他键组合成特殊功能键或复合控制键
"PrintScreen" 打印屏幕键	用于把屏幕当前显示的内容全部打印出来

（2）鼠标

鼠标（Mouse）是另一种常见的输入设备，如图 1-14 所示。它与显示器相配合，可以方便、准确地移动显示器上的光标，并通过按击，选取光标所指的内容。鼠标器按其按钮个数可以分为双键鼠标（PC 鼠标）和三键鼠标（MS 鼠标）；按感应位移变化的方式可以分为机械鼠标、光学鼠标和光学机械鼠标。

图 1-14　鼠标

5. 输出设备

输出设备则将计算机内部以二进制代码形式表示的信息转换为用户所需要并能识别的形式，如十进制数字、文字、符号、图形、图像、声音，或者其他系统所能接受的信息形式进行输出。在微型机系统中，主要的输出系统是显示器、打印机等。

（1）显示器

显示器是一种输出设备，如图 1-15 所示，其作用是将主机发出的电信号转换为光信号，并最终将字符、图形或图像显示出来，发光二极管显示器（LED）、液晶显示器（LCD）是我们最常见的显示器。

图 1-15　CRT 显示器、液晶显示器和显示卡

影响显示器的主要指标有屏幕尺寸、点距、分辨率、刷新率等。屏幕上独立显示的点称为像素。点距就是指两个像素点间的距离，通常显示器的点距有 0.28 mm、0.31 mm 或 0.39 mm 等。

点距越小，图像越清晰。分辨率是指屏幕上可容纳的像素个数。分辨率 1024×768 表示每屏显示的水平扫描线有 768 条，每条扫描线上有 1024 个光点。每秒刷新屏幕的次数称为刷新频率，单位为 Hz，如 19″LED 显示器的刷新频率为 75kHz。

显示器是通过显示适配器（简称显卡）与主机相连的，显示器必须与显卡匹配。显示器的质量和显卡的能力决定了显示的清晰与否。显卡有核芯显卡、集成显卡和独立显卡三类，独立显卡接口分为 PCI、AGP 和 PCI-E。显示芯片是显卡的核心芯片，它的性能好坏直接决定了显卡性能的好坏，现在主流的显示芯片市场基本上被 AMD-ATI 和 NVIDIA 霸占。显存是用来存储要处理的图形信息的部件，其性能与容量对显卡性能影响很大，目前流行的显卡品牌有华硕、讯景、七彩虹等。

（2）打印机

打印机主要有针式打印机、喷墨打印机和激光打印机（见图 1-16）等。针式打印机速度慢，噪声大，但在专用场合很有优势，例如票据打印、多联打印等，并且它的耗材便宜。

图 1-16　针式打印机、喷墨打印机和激光打印机

喷墨打印机价格便宜、体积小、噪声低、打印质量高，但对纸张要求高、墨水消耗量大，适于家庭购买。激光打印机是激光技术和电子照相技术的复合物。它将计算机输出的信号转换成静电磁信号，磁信号使磁粉吸附在纸上形成有色字体。激光打印机印字质量高，字符光滑美观，打印速度快，噪声小，但价格稍高一些。

打印机的技术指标主要有打印速度、印字质量、打印噪声等。

6. 多媒体计算机的硬件设备

所谓多媒体（Multimedia），从字面上理解就是多种媒体的集合。指把文本、声音、图形、图像、视频等多种媒体的信息通过计算机进行数字化加工处理，集成为一个具有交互性系统的技术，称为多媒体技术。

在一台普通计算机上添加一些多媒体硬件，如光驱、声卡、视频卡等就可以组成一个多媒体计算机（Multimedia Personal Computer，MPC）。多媒体计算机能够编辑和播放声音、视频片段、录像、动画、图像或文本，它还能够控制诸如光驱、MIDI 合成器、录像机、摄像机等外围设备。

（1）声卡

声卡又称为音频卡（Audio Card），如图 1-17 所示，它用于处理音频媒体信息的输入输出，是一个重要的多媒体设备，与声卡相配套的硬件还有麦克风和音箱。现在的主板大都集成声音处理芯片，一般不需要安装独立声卡。

图 1-17　声卡、麦克风和音箱

（2）扫描仪

扫描仪（Scanner）是一个典型的图像输入设备，如图 1-18 所示，它可以将照片、图片、图形输入到计算机中，并转换成图像文件存储于硬盘。扫描仪的主要技术参数是分辨率，用每英寸的检测点数表示，其单位是 DPI。一般的扫描仪的分辨率为 600DPI。

图 1-18　扫描仪

（3）数码设备

越来越多的数码设备如 MP3 播放器、数码照相机、数码摄像机（见图 1-19）能够直接与计算机相连，很方便地将数据从这些设备中导入到计算机硬盘中，然后用软件对音频或视频进行编辑，从而轻而易举地制作 DV（数码影像）和电子相册。投影机也越来越多地用于多媒体教学和商务会议中，计算机的功能和应用也因此越来越强了。

图 1-19　MP3 播放器、数码照相机、数码摄像机和投影机

（4）视频捕捉卡

视频捕捉卡是视频媒体信息的输入设备，它可以将电视、摄影机和录像的视频信号输入到计

算机中，你可以将视频片段录制到硬盘上。视频片段一般以 AVI（Audio Video Interleaved）格式的文件存放。

（二）微机的性能指标

怎么衡量一台计算机的性能是不是优越呢？我们通常从以下几个性能指标来衡量。

1. 字长

字长是指计算机在同一时间内处理的一组二进制数、称为一个计算机的"字"，而这组二进制数的位数就是"字长"。在其他指标相同时，字长越大计算机处理数据的速度就越快。目前，一般的大型主机字长在 128～256 位之间，小型机字长在 32～128 位之间，微型机字长在 16～64 位之间。

2. 内存容量

内存储器，也简称主存，是 CPU 可以直接访问的存储器，需要执行的程序与需要处理的数据就是存放在主存中的。内存储器容量的大小反映了计算机即时存储信息的能力。随着操作系统的升级，应用软件的不断丰富及其功能的不断扩展，人们对计算机内存容量的需求也不断提高。内存容量越大，系统功能就越强大，能处理的数据量就越庞大。

3. 主频

主频是指 CPU 的时钟频率，即 CPU 在单位时间（秒）内所发出的脉冲数，它在很大的程度上决定了计算机的运算速度。微型计算机一般采用主频来描述运算速度，运算速度是衡量计算机性能的一项重要指标。主频的单位是 GHz，$1GHz=10^6Hz$。如 Intel 酷睿 i7 3770K 的主频为 3.5GHz，AMD FX 8150 的主频为 3.6GHz。

4. 运算速度

运算速度是指微机每秒钟能执行多少条指令。运算速度的单位用 MIPS（百万条指令/秒）。由于执行不同的指令所需的时间不同，因此，运算速度有不同的计算方法。现在多用各种指令的平均执行时间及相应指令的运行比例来综合计算运算速度，即用加权平均法求出等效速度，作为衡量微机运算速度的标准。

1.4.2 计算机软件系统

1. 系统软件

系统软件是计算机系统中最靠近硬件的软件。它与具体的应用无关，其他软件一般都是通过系统软件发挥作用的。系统软件的功能主要是对计算机硬件和软件进行管理，以充分发挥这些设备的效力，方便用户的使用。系统软件一般包括操作系统、语言处理程序、数据库管理系统等。

（1）操作系统

操作系统是最基本、最重要的系统软件。它负责管理计算机系统的全部软件资源和硬件资源，合理地组织计算机各部分协调工作，为用户提供操作界面。常用的操作系统有 UNIX、Linux、Mac OS 和 Windows XP、Windows 7/8、Windows 10 等。我们将在项目 2 中详细介绍 Windows 7 操作系统。

（2）计算机语言

人与计算机交流信息所使用的语言称为计算机语言或程序设计语言。计算机语言可分为机器语言、汇编语言、高级语言三类。

（3）数据库管理系统

数据库是存储在一起的相互有联系的数据的集合。它能为多个用户、多种应用所共享，又具有最小的冗余度；数据之间联系密切，又与应用程序没有联系，具有较高的数据独立性。数据库管理系统就是对这样一种数据库中的数据进行管理、控制的软件。它为用户提供了一套数据描述和操作语言，用户只需使用这些语言，就可以方便地建立数据库，并对数据进行存储、修改、增加、删除、查找。

2. 支撑软件

支撑软件是支持其他软件的编制和维护的软件。随着计算机应用的发展，软件的编制和维护在整个计算机系统中所占的比重已远远超过硬件。从提高软件的生产率，保证软件的正确性、可靠性和易于维护来看，支撑软件在软件开发中占有重要地位。广义地讲，可以把操作系统看作支撑软件，或者把支撑软件看作系统软件的一部分。但是随着支持大型软件开发而在 20 世纪 70 年代后期发展起来的软件支撑环境已和原来意义下的系统软件有很大的不同，它主要包括环境数据库和各种工具，例如测试工具、编辑工具、项目管理工具、数据流图编辑器、语言转换工具、界面生成工具等。

3. 应用软件

应用软件是为计算机在特定领域中的应用而开发的专用软件，例如文字处理软件、表格处理软件、绘图软件、各种信息管理系统、飞机订票系统、地理信息系统、CAD 系统等。应用软件包括的范围是极其广泛的，可以这样说，哪里有计算机应用，哪里就有应用软件。我们将在项目 3 介绍文字处理软件 Word 2010，在项目 4 介绍表格处理软件 Excel 2010，在项目 5 介绍演示文稿制作软件 PowerPoint 2010 的使用。

应当指出，软件的分类并不是绝对的，而是相互交叉和变化的。例如系统软件和支撑软件之间就没有绝对的界限，所以习惯上也把软件分为两大类，即系统软件和应用软件。

任务 1.5　微型计算机的硬件系统

微型计算机系统的硬件主要包括微型计算机、外围设备和电源，实际上就是用眼能看得见、用手能摸得着的机器系统部分。

1.5.1　微机的主要性能指标

微型计算机的主要性能指标如下。

（1）运算速度：通常所说的计算机运算速度（平均运算速度），是指每秒钟所能执行的指令条数，一般用"百万条指令 / 秒"（MIPS，Million Instruction Per Second）来描述。

（2）主频：微型计算机一般采用主频来描述运算速度，例如，Pentium/133 的主频为 133 MHz，Pentium 4 1.5G 的主频为 1.5 GHz。一般说来，主频越高，运算速度就越快。

（3）字长。一般说来，计算机在同一时间内处理的一组二进制数称为一个计算机的"字"，而这组二进制数的位数就是"字长"。在其他指标相同时，字长越大计算机处理数据的速度就越快，精度越高。

（4）内存储器的容量。内存储器，也简称主存，是 CPU 可以直接访问的存储器，需要执行的程序与需要处理的数据就是存放在主存中的。内存储器容量的大小反映了计算机即时存储信息的能力。内存容量越大，系统功能就越强大，能处理的数据量就越庞大。

（5）外存储器的容量。外存储器容量通常是指硬盘容量（包括内置硬盘和移动硬盘）。外存储器容量越大，可存储的信息就越多，可安装的应用软件就越丰富。

（6）存取周期：把信息代码存入存储器，称为"写"，把信息代码从存储器中取出，称为"读"。存储器进行一次"读"或"写"操作所需的时间称为存储器的访问时间（或读写时间），而连续启动两次独立的"读"或"写"操作（如连续的两次"读"操作）所需的最短时间，称为存取周期。

（7）I/O 的速度：主机 I/O 的速度，取决于 I/O 总线的设计。这对于慢速设备（例如键盘、打印机）关系不大，但对于高速设备则效果十分明显。

（8）性价比：性价比=性能/价格。商品品质好，性价比高。

1.5.2 微机的硬件系统

一台微型计算机主要由微处理器 CPU、存储器、输入/输出接口电路及系统总线构成（虚线上的部分）。

微处理器 CPU 由运算器和控制器两部分组成。运算器主要用来完成对数据的运算，包括算术运算和逻辑运算，控制器为整机的指挥控制中心，计算机的一切操作，如数据输入/输出、打印、运算处理等都必须在控制器的控制下才能进行。

存储器是一个记忆装置，用来存储数据、程序、运算的中间结果和最后结果。包括随机存取存储器 RAM 和只读存储器 ROM。

输入/输出接口电路是微型计算机与外部设备联系的桥梁，由于外设的种类繁多，工作速度大部分不能和主机相匹配（相对来讲都较慢），因而，主机和外设之间的信息传递都必须经过接口电路加以合理的匹配、缓冲。输入接口连接在主机的输入端，用来将输入设备（如键盘、鼠标等）接收的信息输入到主机内部，而输出接口则接在主机的输出端，用来将主机运算的结果或控制信号输出到输出设备（如 CRT 显示器、打印机等）。

CPU 和机器内部各部件的联系，以及和微型机外部设备信息的传递都要通过总线来实现。在微型机中通常使用的总线有数据总线、地址总线和控制总线，称为系统三总线。

数据总线 DB（data bus）是微处理器与外界传递数据的信号线。它的条数实际上就决定了微处理器与外部传送数据通道的宽度，这个数值也称作微处理器的字长。数据总线可以双向传递数据信号，是一组双向、三态总线。

地址总线 AB（address bus）是由微处理器输出的一组地址线，用来指定微处理器所访问的存储器和外部设备的地址。地址总线的条数决定了 CPU 所能直接访问的地址空间。如地址总线为 20 位时，可访问的地址范围为 2^{20} 个，即为 00000H 到 FFFFFH。地址总线采用三态输出方式。

控制总线 CB（control bus），它用来使微处理器的工作与外部电路的工作同步。其中有的为高电平有效，有的为低电平有效，有的为输出信号，有的为输入信号。通过这些联络线 CPU 可以向其他部件发出一系列的命令信号，其他部件也可以将工作状态、请求信号送给 CPU。

任务 1.6 多媒体技术简介

多媒体技术（Multimedia Technology）是利用计算机对文本、图形、图像、声音、动画、视频等多种信息综合处理、建立逻辑关系和人机交互作用的技术。

真正的多媒体技术所涉及的对象是计算机技术的产物，而其他的单纯事物，如电影、电视、音响等，均不属于多媒体技术的范畴。

在计算机行业里，媒体（mediua）有两种含义：一是指传播信息的载体，如语言、文字、图像、视频、音频等；二是指存储信息的载体，如 ROM、RAM、磁带、磁盘、光盘等，主要的载体有 CD-ROM、VCD、网页等。多媒体是近几年出现的新生事物，正在飞速发展和完善之中。

多媒体技术中的媒体主要是指前者，就是利用电脑把文字、图形、影像、动画、声音及视频等媒体信息都数字化，并将其整合在一定的交互式界面上，使电脑具有交互展示不同媒体形态的能力。它极大地改变了人们获取信息的传统方法，符合人们在信息时代的阅读方式。多媒体技术的发展改变了计算机的使用领域，使计算机由办公室、实验室中的专用品变成了信息社会的普通工具，广泛应用于工业生产管理、学校教育、公共信息咨询、商业广告、军事指挥与训练，甚至家庭生活与娱乐等领域。

多媒体包括文本、图形、静态图像、声音、动画、视频剪辑等基本要素。在进行多媒体教学课件设计的，也就是从这些要素的作用、特性出发，在教育学、心理学等原理的指导下，充分构思、组织多媒体要素，发挥各种媒体要素的长处，为不同学习类型的学习者提供不同的学习媒体信息，从多种媒体渠道向学习者传递教育、教学信息。

1. 文本

（1）文本的作用

多媒体教学课件可以通过文本向学生展示一定的教育教学信息，在学生用多媒体进行自主学习遇到因难时也可以提供一定的帮助、指导信息，使学生的学习顺利进行下去，一些功能齐备的教学软件还能根据学生的学习结果和从学生一方获得的反馈信息向其提供一定的学习评价信息和相应的指导信息。

另外，大部分教学软件都会用文本为软件的使用提供一定的使用帮助和导航信息，增强了软件的友好性和易操作性，软件的使用人员不用经过专门的培训就能根据屏幕上的帮助、导航信息来学习软件。最后，一些教学软件能从学习者身上获得一定的反馈信息，实现信息提供者和接收者之间的信息的双向流动，加强了学习过程的反馈程度。

（2）文本信息的特点

计算机屏幕上的文本信息可以反复阅读，从容理解，不受时间、空间的限制，但是，在阅读屏幕上显示的文本信息，特别是信息量较大时容易引起视觉疲劳，使学习者产生厌倦情绪。另外，文本信息具有一定的抽象性，阅读者在阅读时，必须会"译码"工作，即将抽象的文字还原为相应的事物，这就要多媒体教学软件使用者有一定的抽象思维能力和想象能力，不同的阅读者对所阅读的文本的理解也不完全相同。

（3）文本的开发与设计

①普通文本的开发。开发普通文本的方法一般有两种，如果文本量较大，可以用专用的字处理程序来输入加工，如 Microsoft Word、WordPad 等。如果文字不多，用多媒体创作软件自身的字符编辑器就足够了。

②图形文字的开发。Microsoft Office 办公软件提供了艺术工具 Microsoft Word Art,用 Word 或 Microsoft 等软件中插入对象的方法,可以制作丰富多彩、效果各异的效果字;用 Photoshop 这种图形图像处理软件同样能制作图形文字。

③动态文字的开发。在多媒体教学软件中,经常用一些有一定变化的动态文字来吸引学生的注意力,开发这些动态文字的软件很多,方法也很多。首先,一般的多媒体创作软件都提供了较为丰富的字符出现效果,例如 PowerPoint、Authorware 等创作软件中都有溶解、从左边飞入、百页窗等多种效果。其次,也可以用动画制作软件来制作文字动画,例如 COOL 3D 这样的软件在制作文字动画时就非常简单方便。

(4)文本的格式与视觉诱导

多媒体中的文本为学习者提供了大量的教学信息,学习者可以通过阅读文本获得大量的教学信息。如果设计多媒体文本时,给文本以丰富的格式,引导学习者的注意力,增加文本的格式有以下几种。

①段落对齐和左右缩进。多媒体中的段落对齐主要有左对齐、居中、右对齐、两端对齐等,通过不同的对齐方式,多媒体教学软件的开发人员就能方便地控制文本在页面中的左右位置。另外,开发人员还可以通过文本的左右缩进技术控制文本在屏幕上的显示宽度。

②字体、字号、风格及颜色。一般的字处理软件和多媒体创作软件都提供字符的字体、字号、风格(下划线、斜体、粗体等)及颜色的支持,利用这些不同的字符效果就能突出显示教学信息中的重点和难点,吸引学生的注意力。

③多行文本及其滚动。

④线性文本与非线性超文本。用超文本技术开发的多媒体教学软件更接近学习者联想的特点,更符合学习者的身心特点,十分方便信息的查寻与检索,在多媒体应用中具有很大的潜力。但是,超文本的开发所花的工作量远远超过线性文本的开发,从开发超文本所需的技术要求来讲,用一般的程序设计语言或字处理程序是很难做到的,要做到超文本的随意跳转,最好用面向对象的程序设计语言或专用的多媒体创作工具,如 Visual Basic、Visual C++、PowerPoint、Authorware、Director、ToolBook 等。

(5)多媒体文本开发应注意的问题

在开发多媒体系统中的文本时,应注意使用合适的字体,应注意这样几个问题:一是在新的应用环境中安装字体,二是在多媒体系统中嵌入所用的字体。另一种方法就是如果开发的文字是标题,那就把文字制作成图片文件,再插入到多媒体应用系统中。

2. 图片

这里的图片指的是静态的图形、图像。不同的学习者有不同的学习习惯,有些同学擅于从文字的阅读过程中获取教学信息,而有些同学则喜欢从图形图像的观察、辨别中发现事物的本质,多媒体教学软件中的图形图像就为这类学习者提供了教学信息。另外,与教学内容相关的图形图像在降低教学内容抽象层次方面同样起着不可忽视的作用。

(1)图片的作用

①传递教学信息。图形、图像都是非文本信息,在多媒体教学软件中可以传递一些用语言难以描述的教学内容,提供较为直观、形象的教学。

②美化界面、渲染气氛。无论是单机多媒体教学软件还是网络多媒体教学软件,如果没有图片的美化,那样的软件称不上是多媒体软件,用合适的图形或图像作软件的背景图或装饰图,这样就提高了软件的艺术性,美化了操作界面,给人一定的美的享受。

③用作导航标志。在多媒体教学软件中经常用一些小的图形符号和图片作为导航标志，教学软件的使用者用鼠标单击这些导航标志，从一个页面跳到另一个页面，任意选择自己想要了解的教学内容，从而在教学软件中任意漫游，不会迷路（在多媒体系统中找不到想要的信息）。

（2）图片信息的特点

与文本信息相比，图片信息一般比较直观，抽象程度较低，阅读容易，而且图片信息不受宏观和微观、时间和空间的限制，在大到天体，小到微生物，上到原始社会，下到未来，这些内容都可用图片来表现。

（3）图片文件的类型

图片包括图形（Graphic）和图像（Still Image）两种。图形指的是从点、线、面到三维空间的黑白或彩色几何图，也称为矢量图（Vector Graphic）。一般所说的图像不是指动态图像，而指的是静态图像，静态图像是一个矩阵，其元素代表空间的一个点，称之为像素点（Pixel），这种图像也称为位图。

位图中的位（Bit）用来定义图中每个像素点的颜色和高度。对于黑白线条图常用 1 位值表示，对灰度图常用 4 位（16 种灰度等级）或 8 位（256 种灰度等级）表示该点的高度，而彩色图像则有多种描述方法。位图图像适合表现层次和色彩比较丰富、包含大量细节的图像。彩色图像需要由硬件（显卡）合成显示。在多媒体制作中常用的就是位图。

任务 1.7 计算机病毒与防治

编制或者在计算机程序中插入的破坏计算机功能或者破坏数据，影响计算机使用并且能够自我复制的一组计算机指令或者程序代码被称为计算机病毒（Computer Virus）。计算机病毒是一种人为制造的、在计算机运行中对计算机信息或系统起破坏作用的程序。这种程序不是独立存在的，它隐蔽在其他可执行的程序之中，既有破坏性，又有传染性和潜伏性。轻则影响机器运行速度，使机器不能正常运行；重则使机器处于瘫痪，会给用户带来不可估量的损失。

1.7.1 计算机病毒的特点

1. 寄生性

计算机病毒寄生在其他程序之中，当执行这个程序时，病毒就起破坏作用，而在未启动这个程序之前，它是不易被人发觉的。

2. 传染性

计算机病毒不但本身具有破坏性，更有害的是具有传染性，一旦病毒被复制或产生变种，其速度之快令人难以预防。传染性是病毒的基本特征。计算机病毒是一段人为编制的计算机程序代码，这段程序代码一旦进入计算机并得以执行，它就会搜寻其他符合其传染条件的程序或存储介质，确定目标后再将自身代码插入其中，达到自我繁殖的目的。

3. 潜伏性

一个编制精巧的计算机病毒程序，进入系统之后一般不会马上发作，可以在几周或者几个月内甚至几年内隐藏在合法文件中，对其他系统进行传染，而不被人发现，潜伏性越好，其在系统中的存在时间就会越长，病毒的传染范围就会越大。

4．隐蔽性

计算机病毒具有很强的隐蔽性，有的可以通过病毒软件检查出来，有的根本就查不出来，有的时隐时现、变化无常，这类病毒处理起来通常很困难。

5．破坏性

计算机中毒后，可能会导致正常的程序无法运行，把计算机内的文件删除或使文件受到不同程度的损坏。

6．可触发性

病毒因某个事件或数值的出现，诱使病毒实施感染或进行攻击的特性称为可触发性。病毒的触发机制就是用来控制感染和破坏动作的频率的。病毒具有预定的触发条件，这些条件可能是时间、日期、文件类型或某些特定数据等。病毒运行时，触发机制检查预定条件是否满足，如果满足，启动感染或破坏动作，使病毒进行感染或攻击。如果不满足，使病毒继续潜伏。

1.7.2 计算机病毒的分类

1．按传染方式划分

（1）引导区型病毒

引导区型病毒主要通过软盘在操作系统中传播，感染引导区，蔓延到硬盘，并能感染到硬盘中的"主引导记录"。

（2）文件型病毒

文件型病毒是文件感染者，又称为寄生病毒。它运行在计算机存储器中，通常感染扩展名为.COM、.EXE、.SYS 等类型的文件。

（3）混合型病毒

混合型病毒具有引导区型病毒和文件型病毒两者的特点。

（4）宏病毒

宏病毒是指用 BASIC 语言编写的病毒程序寄存在 Office 文档上的宏代码。宏病毒影响对文档的各种操作。

2．按连接方式划分

（1）源码型病毒

它攻击高级语言编写的源程序，在源程序编译之前插入其中，并随源程序一起编译、连接成可执行文件。源码型病毒较为少见，也难以编写。

（2）入侵型病毒

入侵型病毒可用自身代替正常程序中的部分模块或堆栈区。因此这类病毒只攻击某些特定程序，针对性强。一般情况下也难以被发现，清除起来也较困难。

（3）操作系统型病毒

操作系统型病毒可用其自身部分加入或替代操作系统的部分功能。因其直接感染操作系统，这类病毒的危害性也较大。

（4）外壳型病毒

外壳型病毒通常将自身附在正常程序的开头或结尾，相当于给正常程序加了个外壳。大部分的文件型病毒都属于这一类。

1.7.3　计算机病毒的预防

计算机感染病毒后，用反病毒软件检测和消除病毒是被迫的处理措施，而且现在很多的计算机在感染病毒后会永久性地破坏被感染的程序，造成不可小视的后果。所以，计算机病毒预防十分重要。

计算机病毒主要通过移动存储介质和计算机网络两种途径进行传播。在日常工作中，应养成良好的使用计算机的习惯。具体做法如下。

（1）备好启动软盘，并贴上写保护。检查电脑的问题，最好应在没有病毒干扰的环境下进行，才能测出真正的原因，或解决病毒的侵入。因此，在安装系统之后，应该及时做一张启动盘，以备不时之需。

（2）重要资料，必须备份。资料是最重要的，程序损坏了可重新拷贝或再买一份，但是自己录入的资料，可能是三年的会计资料或画了三个月的图纸，结果某一天，硬盘损坏或者因为病毒而损坏了资料，会让人欲哭无泪，所以对于重要资料经常备份是绝对必要的。

（3）尽量避免在无防毒软件的机器上使用可移动存储介质。一般人都以为不要使用别人的磁盘，即可防毒，但是不要随便用别人的计算机也是非常重要的，否则有可能带一大堆病毒回家。

（4）使用新软件时，先用扫毒程序检查，可减少中毒机会。

（5）准备一份具有杀毒及保护功能的软件，将有助于杜绝病毒。

（6）重建硬盘是有可能的，救回的概率相当高。若硬盘资料已遭破坏，不必急着格式化，因病毒不可能在短时间内将全部硬盘资料破坏，故可利用杀毒软件加以分析，恢复至受损前状态。

（7）不要在互联网上随意下载软件。病毒的一大传播途径，就是互联网。潜伏在网络上的各种可下载程序中，如果你随意下载、随意打开，对于制造病毒者来说，可真是再好不过了。因此，不要贪图免费软件，如果实在需要，请在下载后执行杀毒软件彻底检查。

（8）不要轻易打开电子邮件的附件。近年来造成大规模破坏的许多病毒，都是通过电子邮件传播的。不要以为只打开熟人发送的附件就一定安全，有的病毒会自动检查受害人电脑上的通讯录并向其中的所有地址自动发送带毒文件。最妥当的做法是先将附件保存下来，不要打开，先用查毒软件彻底检查。

项目训练

一、简答题

1. 请说明计算机基本术语中字节（Byte）的含义。
2. 根据不同的存取方式，主存储器可以分为哪两类?辅存储器又可以分为哪两类?
3. 扩展名为.EXE、.TXT、.BAT 的文件分别是什么文件?

二、填空题

1. 计算机的软件系统通常分成_____软件和_____软件。
2. 字长是计算机_____次能处理的_____进制位数。
3. 1KB=_____B；1MB=_____KB。
4. 计算机中，中央处理器 CPU 由_____和_____两部分组成。

5．CPU 按指令计数器的内容访问主存，取出的信息是_____；按操作数地址访问主存，取出的信息是_____。

6．磁盘上各磁道长度不同，每圈磁道容量_____，内圈磁道的存储密度_____外圈磁道的存储密度。

7．完整的磁盘文件名由_____和_____组成。

项目 2　Windows 7 操作系统

任务 2.1　操作系统简介

操作系统（Operating System，OS）是管理和控制计算机硬件与软件资源的计算机程序，是直接运行在"裸机"上的最基本的系统软件，任何其他软件都必须在操作系统的支持下才能运行。

操作系统是用户和计算机的接口，同时也是计算机硬件和其他软件的接口。操作系统的功能包括管理计算机系统的硬件、软件及数据资源，控制程序运行，改善人机界面，为其他应用软件提供支持，让计算机系统所有资源最大限度地发挥作用，提供各种形式的用户界面，使用户有一个好的工作环境，为其他软件的开发提供必要的服务和相应的接口等。

2.1.1　操作系统的分类

操作系统的种类很多，按其功能和特性可以分为批处理操作系统、分时操作系统和实时操作系统等；按其同时管理用户数的多少可分为单用户操作系统和多用户操作系统；按其有无管理网络环境的能力可以分为网络操作系统和非网络操作系统。

1．单用户操作系统

单用户操作系统的主要特征是计算机系统内部一次只能支持运行一个用户程序。缺点是计算机系统资源利用率不高。

2．批处理操作系统

批处理操作系统中用户脱机使用计算机，作业成批处理，多道程序运行，但无交互手段。

3．分时操作系统

分时操作系统是一种在计算机周围挂上若干台近程或远程终端，每个用户可以在各自的终端上以交互的方式控制作业运行的操作系统，具有多路性、交互性、独占性等特点。

4．实时操作系统

在某些应用领域中，对计算机的数据处理速度有明显要求（如飞机的飞行、导弹的发射等）。这种有响应时间要求的快速处理过程被称为实时处理过程。

实时系统按其使用方式分成两类：一类是实时控制系统；另一类是实时数据处理系统。

5．网络操作系统

网络是将物理位置分散的、功能独立的多个计算机系统联系起来，通过网络协议在不同的计算机之间实现信息交换和资源共享。

网络操作系统是基于计算机网络（NetWare、Windows NT）而成的。

2.1.2 常用操作系统简介

在计算机的发展过程中，出现过许多不同的操作系统，目前全球使用最广泛的是微软公司推出的 Windows 系列操作系统。常用的操作系统如下。

1. DOS 操作系统

DOS（Disk Operation System）是磁盘操作系统的简称，从 1981 年 MS-DOS1.0 直到 1995 年 MS-DOS7.1 的 15 年间，DOS 作为微软公司在个人计算机上使用的一个操作系统载体，推出了多个版本。DOS 在 IBM PC 兼容机市场中占有举足轻重的地位。可以直接操纵管理硬盘的文件，以 DOS 的形式运行。

2. UNIX 操作系统

UNIX 操作系统是一个强大的多用户、多任务操作系统，支持多种处理器架构，按照操作系统的分类，属于分时操作系统，最早由 Ken Thompson、Dennis Ritchie 和 Douglas Mcllroy 于 1969 年在 AT&T 的贝尔实验室开发。目前它的商标权由国际开放标准组织所拥有，只有符合单一 UNIX 规范的 UNIX 系统才能使用 UNIX 这个名称，否则只能称为类 UNIX（UNIX-like）。

3. Linux 操作系统

Linux 是一套免费使用和自由传播的类 Unix 操作系统，是一个基于 POSIX 和 UNIX 的多用户、多任务、支持多线程和多 CPU 的操作系统。它能运行主要的 UNIX 工具软件、应用程序和网络协议。它支持 32 位和 64 位硬件。Linux 继承了 UNIX 以网络为核心的设计思想，是一个性能稳定的多用户网络操作系统。

4. Mac 操作系统

Mac 操作系统是一套运行于苹果 Macintosh 系列计算机上的操作系统。Mac OS 是首个在商用领域成功的图形用户界面操作系统。现行的最新的系统版本是 OS X 10.10 Yosemite，且网上也有在 PC 上运行的 Mac 系统，简称 Mac PC。

5. Windows 系列操作系统

Windows 操作系统是美国微软公司研发的一套操作系统，它问世于 1985 年，起初仅仅是 Microsoft-DOS 模拟环境，后续的系统版本由于微软不断的更新升级，不但易用，也慢慢的成为家家户户人们最喜爱的操作系统。

Windows 采用了图形化模式 GUI，比起从前的 DOS 需要键入指令使用的方式更为人性化。随着计算机硬件和软件的不断升级，微软的 Windows 也在不断升级，从架构的 16 位、32 位再到 64 位，系统版本从最初的 Windows 1.0 到大家熟知的 Windows 95、Windows 98、Windows ME、Windows 2000、Windows 2003、Windows XP、Windows Vista、Windows 7、Windows 8、Windows 8.1、Windows 10 和 Windows Server 服务器企业级操作系统，不断持续更新，微软一直在致力于 Windows 操作系统的开发和完善。

2.1.3 文件系统

文件系统是操作系统中用于明确存储设备（常见的是磁盘）或分区上的方法和数据结构，即在存储设备上组织文件的方法。操作系统中负责管理和存储文件信息的软件机构称为文件管理系统，简称文件系统。文件系统由三部分组成：文件系统的接口、对对象操纵和管理的软件集合、对象及属性。从系统角度来看，文件系统是对文件存储设备的空间进行组织和分配，负责文件存储并对存入的文件进行保护和检索的系统。具体地说，它负责为用户建立文件，存入、读出、修改、转储文件，控制文件的存取，当用户不再使用时撤销文件等。

1. FAT

FAT（File Allocation Table）文件配置表，是一种由微软发明并拥有部分专利的文件系统，供 MS-DOS 使用，也是所有非 NT 核心的微软窗口使用的文件系统。

FAT 文件系统考虑当时计算机性能有限，所以未被复杂化，因此几乎所有个人计算机的操作系统都支持。这种特性使它成为理想的软盘和存储卡文件系统，也适合用作不同操作系统中的数据交流。现在，一般所讲的 FAT 专指 FAT32。

但 FAT 有一个严重的缺点：当文件删除后写入新数据，FAT 不会将文件整理成完整片段再写入，长期使用后会使文件数据变得逐渐分散，而减慢了读写速度。碎片整理是一种解决方法，但必须经常重组来保持 FAT 文件系统的效率。

2. HPFS

HPFS，即 High Performance File System（高性能文件系统），最早是随 OS/2 1.2 引入的，目的是提高访问当时市场上出现的更大硬盘的能力。

HPFS 最适用于 200～400 MB 范围的驱动器。由于 HPFS 带来的系统开销，所以大约 200 MB 以下的卷最好不要选择使用此文件系统。此外，对于大约 400 MB 以上的卷，使用此文件系统会出现性能下降。

3. NTFS

NTFS（New Technology File System）是 Windows NT 环境的文件系统。新技术文件系统是 Windows NT 家族（如 Windows 2000、Windows XP、Windows Vista、Windows 7 和 Windows 8.1）等的限制级专用的文件系统（操作系统所在的盘符的文件系统必须格式化为 NTFS 的文件系统，4096 簇环境下）。NTFS 取代了老式的 FAT 文件系统。

NTFS 对 FAT 和 HPFS 做了若干改进，如支持元数据，并且使用了高级数据结构，以便于改善性能、可靠性和磁盘空间利用率，并提供了若干附加扩展功能。

任务 2.2　初识 Windows 7

Windows 7 是由微软公司开发的，具有革命性变化的操作系统。该系统旨在让日常计算机操作更加简单和快捷。Windows 7 可供家庭及商业工作环境、笔记本电脑、平板电脑、多媒体中心等使用。微软公司于 2009 年 10 月 22 日在美国（2009 年 10 月 23 日在中国）正式发布 Windows 7 操作系统；2011 年 2 月 22 日发布 Windows 7 SP1。Bill Gates（比尔·盖茨）曾对 Windows 7 有过这样的介绍：下一代 Windows 将在 64 位计算、语言、数字墨水方面进行加强，提供以用户为中心的服务。例如，Windows 错误诊断和修复机制将更加强大，能够在最少的用户干预下完成修复工作。开机和关机速度更快，同时还改善了用户体验度。Windows 7 的 4 个主要特点如下。

1．更加安全

Windows 7 改进了安全和功能的合法性，还把数据保护和管理扩展到外围设备。Windows 7 改进了基于角色的计算方案和用户账户管理，在数据保护和坚固协作的固有冲突之间搭建沟通桥梁，同时开启企业级数据保护和权限许可。

2．更简单易用

Windows 7 做了许多方便用户的设计，如快速最大化、窗口半屏显示、跳转列表（Jump List）、系统故障快速修复等，搜索和使用信息更加简单，包括本地、网络和互联网搜索功能（直观的用户体验将更加高级），还整合了自动化应用程序提交和交叉程序数据透明性。这些新特效让 Windows 7 成为更简单易用的 Windows。

3．更快速

Windows 7 大幅缩减了操作系统的启动时间。据实测，Windows 7 在中低端配置下运行，系统加载时间一般不超过 20 秒，这与 Windows Vista 的 40 余秒相比，是一个很大的进步。

4．更好的连接

进一步增强移动工作能力，无论何时、何地、任何设备都能访问数据和应用程序，开启坚固的特别协作体验。无线连接、管理和安全功能将得到扩展。性能和当前功能以及新兴移动硬件将得到优化，多设备同步、管理和数据保护功能将被拓展。

任务 2.3　Windows 7 基本要素

2.3.1　Windows 7 桌面组成

用户登录到 Windows 7 操作系统后，即进入系统桌面。Windows 7 的所有操作都是从桌面开始的，桌面是 Windows 7 的主控窗口，由图标、桌面背景、"开始"按钮、快速启动栏和任务栏组成，如图 2-1 所示。

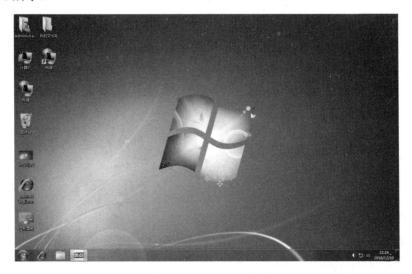

图 2-1　Windows 7 桌面

1．图标

Windows 7 操作系统中，所有的文件、文件夹和应用程序等都是由相应的图标来表示。桌面图标一般是由文字和图片组成，文字起到说明图标的名称或功能的作用，图片是图标的标识符。图标包括普通图标和快捷方式图标，如图 2-2 所示。在图标上单击可以选定该对象，右键单击可以弹出快捷菜单，双击可以启动对象或运行相应的应用程序，或打开该对象所代表的文件或文件夹。

图 2-2　普通图标和快捷方式图标

（1）添加系统图标

右击桌面空白处，在弹出的快捷菜单中选择"个性化"命令，打开"个性化"窗口，如图 2-3 所示。

图 2-3　"个性化"窗口

单击"更改桌面图标"选项，在弹出的"桌面图标设置"对话框中选中"计算机""用户的文件""网络""回收站"和"控制面板"复选框，如图 2-4 所示。

（2）添加快捷方式图标

方法一：选择"开始"→"所有程序"→"附件"→"录音机"选项，然后右击，选择"发送到"→"桌面快捷方式"命令，如图 2-5 所示。

图 2-4　添加系统图标

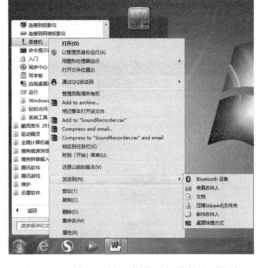

图 2-5　通过"开始"菜单添加快捷方式图标

方法二：在桌面空白处右击，在弹出的快捷菜单中选择"新建"→"快捷方式"选项。打开"创建快捷方式"对话框，如图 2-6 所示，单击"浏览"按钮，找到并选定所需的对象。

图 2-6　"创建快捷方式"对话框

2. 桌面背景

桌面背景又称为墙纸，即显示在计算机屏幕上的背景画面，它没有实际功能，只起到丰富桌面内容、美化工作环境的作用。刚安装好的 Windows 7 操作系统中采用的是默认的桌面背景，用户可根据需要选择系统提供的其他图片或保存的图片作为桌面背景。

如果需要自定义个性化背景桌面，可在"个性化"设置面板的下方单击"桌面背景"图标，打开其设置面板，如图 2-4 所示，选择单张或多张系统内置图片。

当选择了多张图片作为桌面背景后，图片会自动切换。而且可以在"更改图片时间间隔"下拉菜单中设置图片切换的时间间隔，还可以选中"无序播放"复选框以便实现图片的随机播放。

此外，还能对图片的显示效果进行设置。单击"图片位置"选项右侧的黑色箭头，在下拉列表中可根据需要，选择"填充""适应""拉伸"等，如图 2-7 所示。

图 2-7　自定义桌面背景

3. "开始"按钮

"开始"按钮位于桌面的左下角，单击"开始"按钮即可弹出"开始"菜单，其中包含了操作系统的绝大多数命令，包括启动程序、系统设置、资源搜索、帮助支持及关机操作等。通过 Ctrl+Esc 组合键或 Windows 键也可以打开"开始"菜单，如图 2-8 所示。

图 2-8　Windows 7 "开始"菜单

4．快速启动栏

快速启动栏为启动程序提供了一种比快捷方式更便捷的方式。桌面上的快捷图标，需要双击才能启动相应的程序；而快速启动栏中的图标只需单击即可启动相应的程序，可以说是一种特殊的快捷方式，如图 2-9 所示。其他方面和快捷图标没有本质差别。

图 2-9 Windows 7 快速启动栏

5．任务栏

任务栏位于桌面的最下方，主要由"开始"按钮、"应用程序"区域、"通知"区域和"显示桌面"组成。通过任务栏可以快速启动应用程序、文档及激活其他已打开的窗口。

右击任务栏中的空白区域，可打开任务栏的快捷菜单，用户可以通过选择"工具栏"命令中的子命令，在任务栏中显示对应的工具栏，如"地址""链接""语言栏"等。

在任务栏的快捷菜单中选择"属性"命令，将打开任务栏和"开始"菜单属性对话框的任务栏选项卡。用户可以通过该选项卡设置任务栏外观和通知区域，如图 2-10 所示。

图 2-10 Windows 7 任务栏

6．设置桌面小工具

（1）添加小工具

在桌面任意空白处右击，在弹出的快捷菜单中选择"小工具"命令，在"小工具"窗口中选择需要添加的对象图标如图 2-11 所示，即可把对应的小工具添加到桌面，如图 2-12 所示。

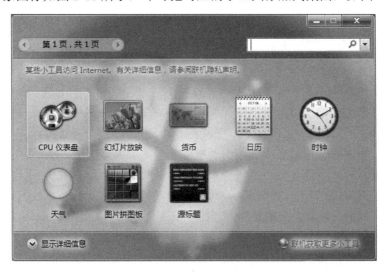

图 2-11 Windows 7 任务栏

图 2-12　带"幻灯片放映"小工具的桌面

（2）设置小工具

用户可以对小工具的显示效果和外观等进行设置。在小工具图标上右击，在弹出的快捷菜单中选择"前端显示"命令可以设置小工具的图标显示在桌面的最前端，或选择"不透明度"命令，在弹出的子菜单中选择不透明的数值，进行不透明度的设置。

单击小工具的"选项"按钮，可设置小工具的外观等。

（3）删除小工具

Windows 7 内置了 10 个小工具，用户还可以从微软官方网站上联机下载更多的小工具。单击"小工具"设置面板右下角的"联机获取更多小工具"图标，即可在小工具分类页面中获取更多的小工具。如果想要将桌面上的某个小工具删除，单击小工具右上角的"关闭"按钮即可将其删除。

2.3.2　Windows 7 窗口

"窗口"就是 Windows 的中文含义，无论用户打开磁盘驱动器、文件夹，还是运行程序，系统都会打开一个窗口，用于管理和使用相应的内容。例如，双击桌面上的"计算机"图标，即可打开"计算机"窗口，在该窗口中可以对计算机中的文件和文件夹进行管理。Windows 7 的窗口组成大致相同，一般分为标题栏、菜单栏、工具栏、地址栏、工作区和状态栏等，如图 2-13 所示。

（1）标题栏。标题栏位于窗口顶部，由"最小化""最大化/还原"和"关闭"按钮组成，用于执行相应的操作。

（2）菜单栏。菜单栏由多个菜单组成，每个菜单名称后有一个带下划线的在括号内的字母，它表示该菜单的快捷键。例如，菜单栏中的"工具"后面是"（T）"，那么同时按下 Alt+T 组合键就可以打开"工具"菜单。

（3）工具栏。工具栏提供获得各种功能和命令的按钮，不同的窗口有不同的工具栏。按钮为使用各种常用功能提供了便捷的方式，不同窗口中的相同名称按钮一般有相同的功能。

（4）地址栏。地址栏显示对象所在的地址，用户也可以输入地址找到对应的对象。单击地址栏右侧的下拉按钮可以弹出下拉列表，其中列出了相关地址和最近已访问过的地址。

图 2-13 Windows 7 的"计算机"窗口

（5）工作区。工作区包括窗口中对象的图标。

（6）滚动条。当窗口不能完全罗列出工作区的内容时，工作区的右边或底边会出现滚动条，分别称为垂直滚动条和水平滚动条。每个滚动条两端都各有一个滚动按钮，两个滚动按钮之间有一个滚动块，移动滚动块可以使工作区内容滚动，显示出隐藏的内容。

（7）状态栏。状态栏在窗口的下端，显示工作区中对象的状态信息。

2.3.3 Windows 7 对话框

对话框是一种特殊的窗口，与窗口不同的是，对话框一般不可以调整大小。Windows 7 为了细化操作命令，提供了大量对话框。每个对话框都针对特定的任务而设计，但一般都是由标题栏、选项卡、命令按钮、单选按钮、复选框、数值框、下拉列表框、文本框组成，如图 2-14 所示。

图 2-14 Windows 7"字体"对话框

（1）标题栏。与窗口的标题栏相似，但右端仅有"关闭"按钮。

（2）选项卡。相关的功能放在一个主题的选项卡上，多张选项卡可合并放在一个对话框中，单击选项卡可以进行选择。

（3）命令按钮。命令按钮是一种标注有命令名称的按钮，单击命令按钮就可以执行相应的命令。若命令按钮的名称后面有"…"，表明单击这个按钮后，将弹出相应的对话框。

（4）单选按钮。单选按钮表示其代表的功能是否被选中，同一主题的一组单选按钮只能有一个被选中。

（5）复选框。复选框表示其代表的功能是否被选中，同一主题的一组复选框同时可以被选中多个。

（6）数值框。数值框用于输入数值，单击数值框右侧的两个箭头按钮可增大或减小框中数值，也可以直接在框中输入数值。

（7）下拉列表框。单击下拉列表框右侧的按钮时，可以弹出相应的下拉列表，可在其中选择需要的选项。

2.3.4 Windows 7 菜单

Windows 7 的菜单是程序命令的一组集合，将相关的命令分门别类集中在一起构成一个菜单，每一个菜单项对应一条命令，用户可以通过单击菜单项来实现对应的操作。打开菜单后，如果单击菜单以外的任意位置，菜单将自动关闭。

Windows 7 中的菜单除了之前介绍的"开始"菜单以外还包括以下几种。

1. 命令菜单

命令菜单一般分布在 Windows 窗口的菜单栏，一般以下拉菜单和级联菜单的形式出现。每个应用程序都有各自的命令菜单，菜单内容因程序不同而不同。在命令菜单中，有一些常见的标记符号，它们都有特定的含义，如表 2-1 所示。

表 2-1　命令菜单中常见的标记符号及其含义

内　　容	含　　义
▶	该命令有级联菜单
…	选择该命令会弹出一个对话框
√	该命令生效，再执行一次这个命令可取消标记，该命令不再生效
●	在一组功能相似的命令中只有该命令被选中
带下划线的字母	字母表示该命令的快捷键，打开菜单后可按此快捷键执行命令
快捷键	可直接使用该快捷键执行对应的命令
灰色的命令	该命令在当前情况下不可用

2. 控制菜单

控制菜单是单击 Windows 窗口标题栏左边控制图标所弹出的菜单，其中包括对窗口的基本操作命令，如图 2-15 所示。

图 2-15　控制菜单

3．快捷菜单

快捷菜单是右击某个对象时弹出的菜单。该菜单通常包含对该对象进行操作的一些常用命令。如在桌面空白处右击，即可弹出如图 2-16 所示的快捷菜单。

图 2-16　Windows 7 桌面空白处右击的快捷菜单

2.3.5　Windows 7 窗口基本操作

1．调整窗口大小

使用控制按钮调整窗口大小：单击"最大化"按钮，可将窗口调到最大；单击"最小化"按钮，可将窗口最小化到任务栏上；将窗口调到最大化后，"最大化"按钮会变成"还原"按钮，单击此按钮可将窗口恢复到原来的大小。

自由调整窗口的大小：将鼠标指针指向窗口的边框或者顶角，当鼠标指针变成一个双向箭头时，按住鼠标左键拖动鼠标，当窗口大小合适后，松开鼠标即可。

2．移动窗口

窗口处于还原状态时，将鼠标指针移到窗口的标题栏上，按住鼠标左键并拖动，到合适的位置之后再松开鼠标左键即可。

3．排列窗口

右击任务栏的空白处，从弹出的快捷菜单中选择相应的命令。

4．关闭窗口

正常关闭：单击窗口右上角的"关闭"按钮，或者选择"文件"→"退出"命令，或按 Alt+F4 组合键。

任务 2.4 文件与文件夹

2.4.1 文件

文件是计算机系统中数据组织的基本单位，在计算机中，数据和程序都以文件的形式存储在存储器上，按照一定的格式建立在外存储器上的信息集合称为文件。

计算机中的文件可分为系统文件、通用文件与用户文件三类。前两类文件是在安装操作系统和软件时自动生成的，不能随意更改和删除。用户文件是由用户建立并命名的，是可更改或删除的文件。

用户通过给每个文件命名来区分不同的文件，计算机对文件实行按名称存取的操作方式。文件名通常由主文件名和扩展名两部分组成，中间由小圆点间隔，一个完整的文件名可以用"主文件名.扩展名"表示。主文件名即文件的名称，扩展名表示文件的类型，如 computer.docx，其主文件名为 computer，扩展名为.docx。

在 Windows 7 操作系统中，文件用文件名和图标来表示，同一种类型的文件具有相同的图标。

1. 文件的类型

在 Windows 7 操作系统中，存储的文本文档、电子表格、图片、歌曲等都属于文件。在同一个文件夹中不允许存储两个名称相同的文件，为了区分不同的文件，需要为不同的文件命名，常用的文件类型和扩展名如表 2-2 所示。

表 2-2 常用的文件类型和扩展名

文件类型	扩展名	备注
图像文件	.jpeg、.bmp、.gif、.tif	记录图像信息
声音文件	.mp3、.awv、wma、.mid	记录声音和音乐的文件
Office 文档	.docx、.doc、.xls、.xlsx、.ppt	Microsoft Office 办公软件使用的文件格式
文本文件	.txt	只存储文字的文件
字体文件	.fon、.ttf	为系统和其他应用程序提供字体的文件
可执行文件	.exe、.com、.bat	双击此类文件，可执行程序，如游戏
压缩文件	.rar、.zip	由压缩软件将文件压缩后形成的文件
网页动画文件	.swf	可用浏览器打开，是互联网上常用的文件
PDF 文件	.pdf	Adobe Acrobat 文档
网页文件	.html	Web 网页文件
动态链接库文件	.dll	为多个程序共同使用的文件
视频文件	.avi、.rm、.flv、.mov、.mpeg	记录动态变化的画面，同时支持声音记录

2. 文件的属性

右击文件或文件夹，在弹出的菜单中选择"属性"选项，在弹出的对话框中包含了一些文件的基本信息，如文件类型、位置、大小及创建、修改、访问的时间，以及文件属性，如图 2-17 所示。文件的类型不同，其属性对话框也会有所不同。

图 2-17　"文件属性"对话框

2.4.2　文件夹

在 Windows 7 操作系统中以文件夹形式组织文件，文件一般存储在文件夹中，文件夹又可以存储在其他文件夹中，形成一种树形层次结构。通过盘符、文件夹名和文件名可查找到文件所在的位置，这种位置表示方法也称为文件夹或文件的路径。如果要把一个文件的位置表示清楚，可以使用"路径+文件名"的形式。例如，E 盘中"学习"文件夹下的"computer.docx"文件可以表示为"E：\学习\ computer.docx"。在 Windows 7 操作系统中，文件和文件夹的命名规则如下。

（1）文件名和文件夹名不能超过 255 个字符（一个汉字相当于两个字符），所以最好不要使用很长的文件名。

（2）文件名或文件夹名不能使用以下字符："/""\""|"":""?""""""*""<"和">"。

（3）文件名和文件夹名不区分大小写的英文字母。

（4）文件夹通常没有扩展名。

（5）可以使用多分隔符的文件名，如"A.B.C"。

（6）查找和显示文件名时可以使用通配符"*"和"?"。前者代表所有字符，后者代表一个字符。

2.4.3　文件和文件夹的基本操作

1．创建文件或文件夹

为了存储不同的文件并对不同的文件分类存储，用户需要新建文件或文件夹，新建文件或文件夹的方法通常有以下几种。

（1）使用快捷菜单创建。打开"计算机"，选定需要新建文件夹所在的文件夹，右击文件夹内容窗格中的任意空白处，在弹出的快捷菜单中选择"新建"选项，在弹出的级联菜单中选择要新建的文件类型或文件夹，如图 2-18 所示。

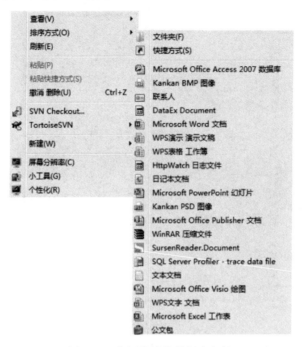

图 2-18　使用快捷菜单创建文件

（2）使用"文件"下拉菜单。在"计算机"窗口下，选择"文件"→"新建"选项，在弹出的级联菜单中选择要新建的文件类型或文件夹，如图 2-19 所示。

图 2-19　使用"文件"下拉菜单创建文件

（3）使用工具栏快捷按钮。在"计算机"窗口下，选定需要新建文件夹所在的文件夹，在工具栏上单击"新建文件夹"按钮，并给其命名即可。

2．选定文件和文件夹

（1）选定单个对象。单击所需选择的文件或文件夹即可，被选定的对象名会以蓝底反白显示。

（2）选定多个连续的对象。

方法一：先单击第一个对象，然后按住 Shift 键单击最后一个对象。

方法二：用鼠标左键拖出一个虚线矩形框，直到此虚线矩形框围住所要选定连续的对象。

（3）选定多个不连续的对象。按住 Ctrl 键不放，逐一单击所选对象，全部选择好后松开 Ctrl 键。

（4）选定全部对象。单击"编辑"菜单中"全部选定"的命令或使用 Ctrl+A 组合键。

（5）取消选定。用鼠标在文件夹内容窗格中任意空白处单击即可取消已经选定的对象。

3．复制文件或文件夹

（1）用"编辑"菜单。选定要复制的一个或多个对象，选择"编辑"→"复制"命令，打开目标文件夹，选择"编辑"→"粘贴"命令或按 Ctrl+V 组合键。

（2）使用"常用工具栏"。选定要复制的一个或多个对象，单击"常用工具栏"中的"复制"按钮，打开目标文件夹，单击"常用工具栏"中的"粘贴"按钮。

（3）使用快捷菜单。选定要复制的一个或多个对象，右击这些对象，选择快捷菜单中的"复制"命令，打开目标文件夹，右击打开其快捷菜单，选择快捷菜单中的"粘贴"命令。

（4）用鼠标左键拖动。选定要复制的一个或多个对象，按住 Ctrl 键，用鼠标左键将选定的对象拖动到目标文件夹中，放开鼠标左键和 Ctrl 键。

（5）用鼠标右键拖动。选定要复制的一个或多个对象，用鼠标右键将选定的对象拖动到目标文件夹中，放开右键出现一个快捷菜单，选择菜单中的"复制到当前位置"命令。

（6）用"文件"菜单中的"发送"命令。

（7）在"文件夹内容"窗格中选定要发送的对象，打开"文件"下拉菜单或右击对象打开快捷菜单，指向"发送到"命令，在下一级的级联菜单中选择"移动磁盘"选项。

4．移动文件或文件夹

移动对象的方法与复制对象的方法类似，只需改变一下操作细节即可，具体如下。

（1）将前 3 种复制方法中的"复制"改为"剪切"。

（2）在第 4 种方法中取消 Ctrl 键的使用。

（3）把第 5 种方法中的"复制到当前位置"命令改为"移动到当前位置"命令。

5．删除文件或文件夹

（1）直接使用 Delete 键删除。选定删除对象，按 Delete 键，单击"删除文件夹"对话框中"是"按钮。

（2）使用"文件"菜单或工具栏按钮。选定删除对象，单击"文件"菜单中的"删除"命令或工具栏上的"删除"按钮，单击"是"按钮。

（3）使用快捷菜单。选定删除对象，右击选定的对象，从快捷菜单中选择"删除"命令，单击"是"按钮。

（4）直接拖动到回收站。将要删除的对象用鼠标左键拖动到"回收站"图标处，单击"是"按钮。

以上方法均为逻辑删除文件，可在回收站处恢复所删除文件，如果要彻底删除文件需进行物理删除，方法为：选定删除对象，按 **Shift+Delete** 组合键，在弹出的"确实要永久性地删除此文件/文件夹"菜单中单击"是"按钮。

6. 文件或文件夹的重命名

（1）使用"文件"菜单命令

选定要更名的文件或文件夹，单击"文件"菜单中的"重命名"命令，输入新的名称或将插入点定位到要修改的位置修改文件名，按 **Enter** 键。

（2）使用两次单击对象法

选定要进行重命名的文件或文件夹，再单击一次该对象，等待出现细线框（或按 **F2** 键，在选定的对象细线框内直接输入新名称或修改旧名称，按 **Enter** 键。

7. 改变文件或文件夹的显示方式

单击菜单栏中的"查看"命令，在弹出的对话框中选择所需模式，包括"超大图标""大图标""中等图标""小图标""列表""详细信息""平铺"和"内容"，如图 2-20 所示。

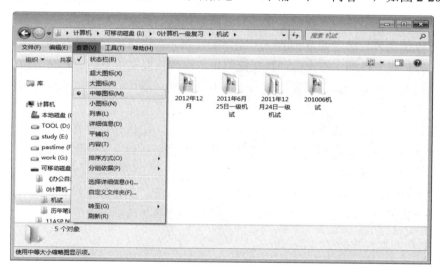

图 2-20　文件显示方式

8. 改变文件或文件夹的排序方式

选择菜单栏中的"查看"→"排序方式"命令，然后选择所需的排序方式，包括"名称""修改日期""类型"和"大小"，以及选择"递增"或"递减"即可改变其排序方式，如图 2-21 所示。

9. 搜索文件或文件夹

计算机中存有大量文件和文件夹，有时难免会忘记文件或文件夹所在的位置，此时就可以使用搜索功能将其找出。在 Windows 7 操作系统中，用户可以用以下两种方式进行搜索。

（1）"开始"菜单搜索框

①单击"开始"按钮，打开"开始"菜单，在最底部的文本框中输入关键字。在关键字输入的同时，搜索过程已经开始，而且搜索速度很快，搜索结果在输入关键字之后会立刻显示在"开始"菜单中。

②如果在"开始"菜单中的搜索结果中没有要找的文件或文件夹，可以选择"查看更多结果"

选项，打开文件夹窗口查看搜索结果。

图 2-21　文件排序方式

（2）使用"计算机"窗口搜索栏

①启动"计算机"窗口，在窗口右上角的搜索框中输入要查询的关键字，在输入关键字的同时系统开始进行搜索，进度条显示搜索进度。

"计算机"窗口中的搜索框仅在当前目录中搜索，只有在根目录"计算机"下才会以整台计算机为搜索范围。如在 E 盘根目录下，搜索有关"计算机应用基础"的文件或文件夹，如图 2-22 所示。

②用户可以通过单击搜索框，选择"添加搜索筛选器"选项，通过设置搜索筛选器来提高搜索精度，如图 2-23 所示。

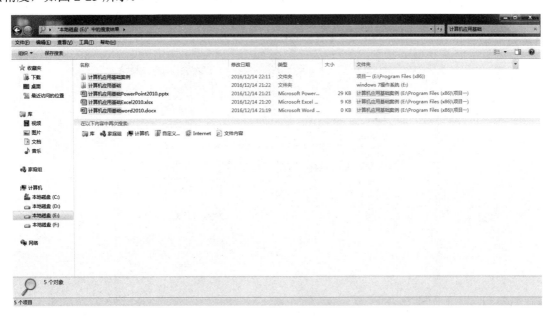

图 2-22　搜索栏的使用

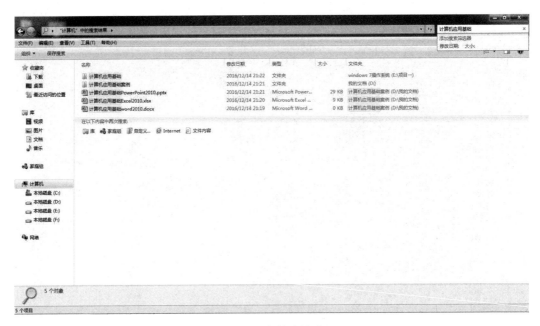

图 2-23　添加搜索筛选器

任务 2.5　控制面板的使用

2.5.1　用户账户管理

在办公室或者其他公共场合的计算机可能会有多人进行使用，为了计算机的数据安全，Windows 7 操作系统中允许添加和删除账户，为每个账户设置具体的权限。

1．创建新账户

执行"控制面板"→"用户账户和家庭安全"→"用户账户"→"创建一个新账户"命令，打开"创建新账户"窗口，输入账户名并设置账户类型为"标准用户"，单击"创建账户"按钮，如图 2-24 所示。

图 2-24　创建标准用户账户

2．管理账户

返回管理账户窗口中可以看到新建的账户，如图 2-25 所示。为了方便管理和使用，可以对新账户进行"更改账户名称""创建密码"和"更改账户头像"等操作。

图 2-25　查看新账户

（1）更改账户名称

选择新建账户，打开"更改账户名称"窗口，选择"更改账户名称"选项，打开"重命名账户"窗口，输入新账户名即可，如图 2-25 所示。

（2）设置密码

选择"更改密码"选项，在"更改密码"窗口中可进行账户密码的更改，如图 2-26 所示。

图 2-26　设置密码

（3）更改账户头像

选择"更改图片"选项，在"选择图片"窗口中，选择图片，单击"更改图片"按钮即可更改账户头像，如图 2-27 所示。

图 2-27　"选择图片"窗口

2.5.2　调整时间和日期

系统的时间和日期在 Windows 7 操作系统桌面右下角显示，如图 2-28 所示。如果时间和日期有误，可以对其进行调整。

图 2-28　系统时间和日期的显示

（1）执行"开始"→"控制面板"命令，打开"控制面板"窗口，如图 2-29 所示。

图 2-29　"控制面板"窗口

（2）依次单击"时钟、语言和区域"→"日期和时间"→"更改日期和时间"按钮，打开"日期和时间设置"对话框，在"日期"列表中用户可以设置年、月、日，在"时间"选项中可以设置时间，单击"确定"按钮完成设置，如图 2-30 所示。

图 2-30　设置时间和日期

2.5.3　添加或删除程序

在控制面板中单击"程序"图标，打开"程序"的管理窗口，如图 2-31 所示。

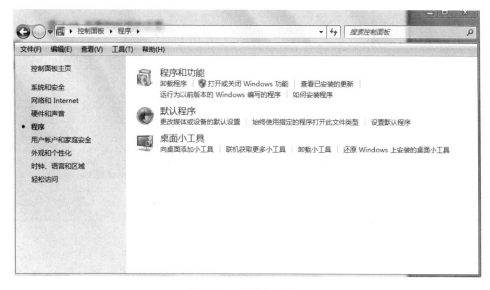

图 2-31　"程序"窗口

1. 更改或删除程序

对于不再使用的应用程序，选择"程序和功能"区域下的"卸载程序"选项，打开"卸载或更改程序"面板，右击要卸载的程序，在弹出的快捷菜单中选择"卸载"命令，即可实现程序的卸载，如图 2-32 所示。

图 2-32　"卸载或更改程序"窗口

2．安装新程序

选择"程序和功能"区域下的"如何安装程序"选项，在弹出的"Windows 帮助和支持"窗口中，根据需要选择"从 CD 或 DVD 安装程序的步骤"或通过"从 Internet 安装程序"选项，进行程序的安装操作，如图 2-33 所示。

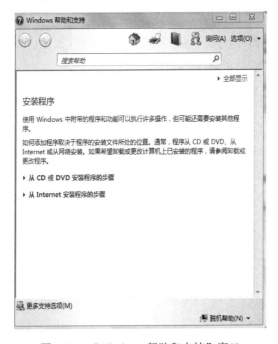

图 2-33　"Windows 帮助和支持"窗口

任务 2.6　Windows 7 附件的使用

1．"画图"程序

"画图"程序功能：用于绘制和编辑图形。既可以产生文字图案，也可以绘制复杂的艺术图案；

既可以在一张空白画布上作画，也可以编辑由扫描仪扫描进来的图像或其他应用程序生成的图形。

（1）启动程序：执行"开始"→"所有程序"→"附件"→"画图"命令，再选择工具箱中的各种颜色和工具即可绘制图形，如图 2-34 所示。

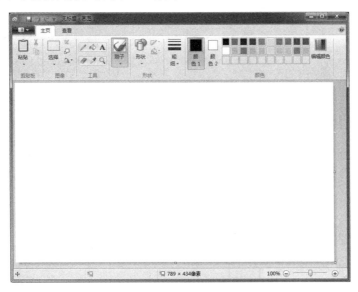

图 2-34　"画图"窗口

（2）保存图形：执行"画图"→"另存为"命令，打开"保存为"对话框，指定文件名和保存位置，单击"保存"按钮，如图 2-35 所示。

图 2-35　"保存为"对话框

2．截图工具

功能：用于捕获屏幕上任何对象和任何形状的屏幕快照或截图，然后对其添加注释、保存或共享该图像。

（1）启动方法：单击"开始"按钮，选择"所有程序"→"附件"→"截图工具"命令，打开"截图工具"窗口，如图 2-36 所示。

（2）操作方法：单击"新建"按钮旁边的箭头，从列表中选择"任意格式截图""矩形截图""窗口截图"或"全屏幕截图"选项，然后选择要捕获的屏幕区域，如图 2-37 所示。

图 2-36　"截图工具"窗口

图 2-37　选择截图类型

（3）保存截图：在标记窗口中单击"保存截图"按钮，在"保存为"对话框中指定文件名，然后单击"保存"按钮。

3．记事本和写字板

（1）记事本。记事本可以用来编辑文本文档，编辑的文件保存时默认的扩展名为.TXT，通常用它编写简单的文档和源程序，如图 2-38 所示。

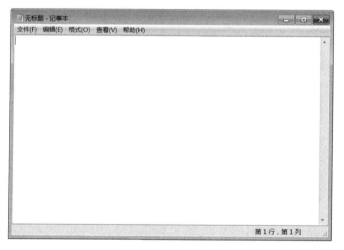

图 2-38　记事本

（2）写字板。写字板既可以创建和编辑简单的文本文档，还可以创建或编辑包括不同格式或图形的文件，如图 2-39 所示。

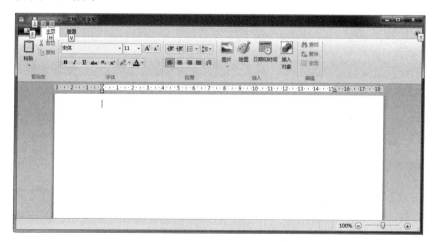

图 2-39　写字板

项目训练

1. 在 C:\根目录下建立一个名为"Test"的文件夹，把 win7 文件夹复制到 Test 文件夹中。
2. 在 Test 文件夹中建立一个新的文本文件 win7.txt，将 win7.txt 属性设置为"只读"。
3. 将 win7.txt 文件移动到 win7 文件夹中。
4. 在 win7 文件夹中搜索所有以"t"开头的文件，并将其删除。

项目 3　Word 2010 的使用

Word 是微软公司推出的 Office 最常用的组件之一，是目前世界上最受欢迎的文字处理软件之一，使用它可以编排出多种精美的文档，不仅能够制作常用的文本、信函、备忘录，还能利用定制的应用模板，如公文模板、书稿模板和档案模板等，快速制作专业、标准的文档。正是因为如此，Word 也成为必须掌握的重要办公工具之一。

任务 3.1　Word 2010 的基本概念和基本操作

3.1.1　启动 Word 2010

启动 Word 2010 的方法如下。

1. 使用"开始"菜单启动 Word 2010

执行"开始"→"所有程序"→"Microsoft Office"→"Microsoft Word 2010"命令，如图 3-1 所示。

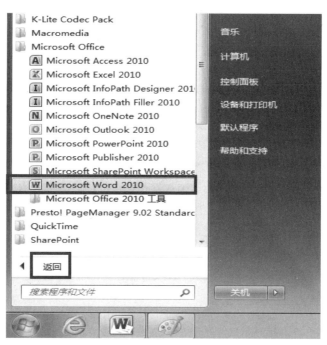

图 3-1　从"开始"菜单启动 Word 2010

2. 通过桌面快捷方式 启动 Word 2010

启动 Word 2010 时，将出现一个空白文档窗口，默认名称为"文档 1"，显示效果如图 3-2 所示。

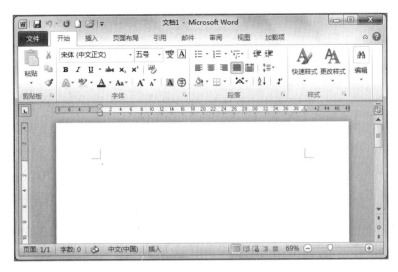

图 3-2 "文档 1"窗口

3.1.2 认识 Word 2010 工作界面

Word 2010 工作界面主要由标题栏、功能区、文档编辑区及状态栏等部分组成，如图 3-3 所示。

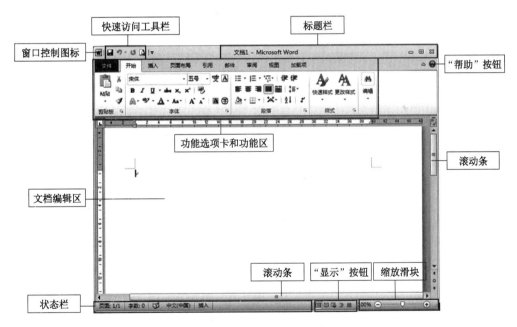

图 3-3 Word 2010 的工作窗口

（1）窗口控制图标，单击该按钮，可在弹出的菜单中完成最大化、最小化和关闭等操作。

（2）标题栏用于显示正在操作的文档的文件名和程序的名称等信息，其右侧有 3 个窗口控制按钮，即"最小化""还原/最大化"和"关闭"按钮，单击不同的按钮，可以控制窗口的大小和关闭。

（3）快速访问工具栏集成了最常用的命令，以实现快速操作的目的。在任意功能区右击想添加到快速访问工具栏的命令按钮，在弹出的快捷菜单中选择"添加到快速访问工具栏"命令，都可以添加到快速访问工具栏中。

（4）"帮助"按钮可查找到用户所需的帮助信息。

（5）功能选项卡和功能区，归类集成命令按钮，单击命令按钮，可完成相应的操作。

（6）文档编辑区显示正在编辑的文档，单击"视图"选项卡中的命令按钮，可以改变显示比例、显示模式等。

（7）"显示"按钮用于更改正在编辑的文档的显示模式，单击命令按钮，可切换显示模式。

（8）滚动条用于更改编辑文档的显示位置，拖动滚动条可以找到需要显示的内容。

（9）缩放滑块用于更改编辑文档的显示比例，拖动可调整显示比例。

（10）状态栏显示与正在编辑的文档相关的信息，单击其中的按钮，可以进行与之关联的操作。

3.1.3　保存文档

（1）第一次保存或需要修改名称保存时要注意保存的位置。

新建文档第一次存盘时选择"文件"→"保存"→"另存为"选项，或单击快速访问工具栏的"保存"按钮，均会出现"另存为"对话框，选择保存路径，修改名称后单击"保存"按钮即可，如图 3-4 所示。

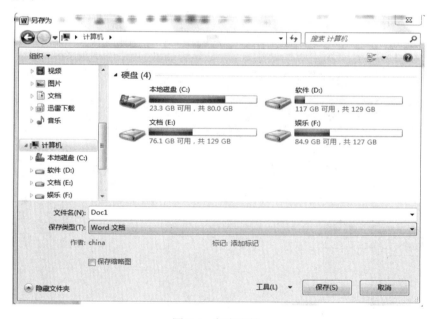

图 3-4　保存文档

（2）单击快速访问工具栏中的"保存"按钮。

（3）保存 Word 文档时，可以选择保存为不同的文档类型，文档类型以文档的扩展名识别，Word 2010 常用的文档扩展名如表 3-1 所示。

表 3-1　常用的 Word 2010 文档扩展名及其类型

扩　展　名	文　档　类　型
.docx	Word 文档　Word 2010 默认的保存文档类型
.doc	Word 文档　Word 1997-2003 文档

续表

扩　展　名	文　档　类　型
.dotx	Word 2010 模板文档
.txt	纯文本
.htm 或.html	网页文档
.rtf	跨平台文档格式

3.1.4　退出文档

（1）执行"文件"→"关闭"命令。

（2）单击"关闭"按钮关闭当前的文档。

（3）按 Alt+F4 组合键。

3.1.5　文档的基本操作

1．文本录入

启动 Word 后，在文档的编辑区有一个不断闪烁的竖条，这就是插入点光标，Word 中的插入点即为文字内容或对象输入的位置，插入点在文档中以"|"形光标的形式显现。当新建一个空白文档时，插入点自动定位于文档页面的左上角。文字输入从插入点开始，当输入到一行的结束时，Word 会自动将插入点光标转到下一行。如果需要另起一段，可以通过按 Enter 键实现。

2．插入符号和特殊符号

在输入文档内容时，有时需要插入符号或特殊符号，方法为依次执行"插入"→"符号"→"其他符号"命令，打开"符号"对话框，选择所需的符号和特殊符号即可，如图 3-5 所示。

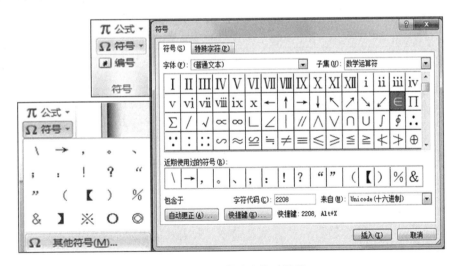

图 3-5　插入符号和特殊符号

3．选取文本的方法

录入过程中，有时需要删除、移动、复制一段文字，或对字体进行修改。做这些操作前，首先应选定要操作的文本（或表格、图形等对象）。在 Word 中选择文本的方式有很多种，用户既可以利用鼠标选择文本，也可以利用键盘选择，还可以两者结合进行选择。常用的对象选取方法如表 3-2 所示。

表 3-2　常用的对象选取方法

对　　象	操　作　方　法	作　　用
一个区域	用鼠标拖动或按 Shift+光标	选定一个区域
字词	在字词中间双击	选定字词
句子	Ctrl+单击	选定句子
整行	鼠标在行首左边单击	选定整行
段落	鼠标在行首左边双击或在句子中三击	选定段落
全文	鼠标在行首左边三击或按 Ctrl+A 组合键	选定全文
扩展区域	按一下 F8 键	设置选取段落的起点
	连续按两下 F8 键	选取一个字
	连续按三下 F8 键	选取一串句子
	连续按四下 F8 键	选取一段
	连续按五下 F8 键	全选

4．复制、删除、移动文本操作

先选中对象，再根据编辑目的选择表 3-3 中的操作方法。

表 3-3　Word 2010 编辑文档的常用操作

操　作　方　式	操　作　方　法
移动对象	选定对象，按下鼠标左键拖动对象到目标位置，松开鼠标左键即可
复制对象	方法 1：先选定对象，在执行"开始"→"剪贴板"→"复制"命令（或按 Ctrl+C 组合键），再在目标位置的光标处按"粘贴"按钮（或按 Ctrl+V 组合键），可完成复制
	方法 2：选定对象，按下 Ctrl 键的同时，按下鼠标左键拖动对象到目标位置，松开鼠标左键即可
删除对象	按 Delete 键删除光标右边的一个字符；按 Backspace 键删除光标左边的一个字符；选定对象，按 Delete 键删除所选对象
撤销和恢复	若文本删除有误，可按自定义快速访问工具栏上的 按钮（或按 Ctrl+Z 组合键）撤销操作；按自定义快速访问工具栏上的 按钮（或按 Ctrl+Y 组合键）恢复已撤销的操作
查找对象	选择"开始"→"编辑"→"查找"选项，在打开的"导航"任务窗格中输入查找内容即可显示所有查找结果，单击上、下箭头可上下查看结果
替换对象	选择"开始"→"编辑"→"替换"选项，在打开的"查找和替换"对话框中输入查找内容和替换为内容进行替换操作

5．查找和替换文本

查找和替换是在长文本中快速定位并修改内容的好方法。

（1）选择"开始"→"编辑"→"替换"命令，打开"查找和替换"对话框，选择"替换"选项卡。

（2）在"查找内容"文本框中输入要查找的对象。

（3）在"替换为"文本框中输入要替换的对象。

（4）单击"更多"按钮 更多(M) >> ，将搜索范围设置为"全部"。

（5）在"替换字体"对话框中单击"确定"按钮，返回"查找和替换"对话框。

（6）单击"全部替换"按钮，替换全部文本。

6．撤销和恢复

（1）撤销。在编辑过程中难免会出现误操作，撤销或多级撤销可以取消之前对文档的误操作。

操作方法：单击标题栏左侧的"撤销"按钮，或按 Ctrl+Z 组合键，可撤销上一步操作。也可单击"撤销"按钮右边的下拉列表按钮，选择需要返回的操作，便可进行多级撤销或多级返回。

（2）恢复。撤销后，还可进行反撤销（恢复），恢复刚才被撤销的操作。

恢复方法：单击标题栏左侧的"恢复"按钮。注意恢复操作只能在撤销操作后。

任务 3.2　通知文档的制作

无论是学习还是工作中，文档是最常用的。这里通过练习制作一份通知文档，来掌握 Word 2010 中的一些关于文字和段落的简单处理技术。最终效果如图 3-6 所示。

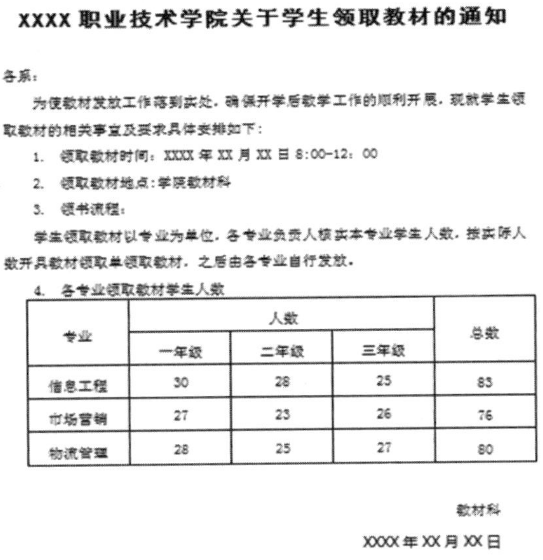

图 3-6　通知文档的最终效果

3.2.1　文字输入

（1）启动 Word 2010，选择"文件"→"新建"命令，打开一个新的空白文档。

（2）在空白文档中输入如图 3-7 所示的文字，输入完成后，单击"保存"按钮，输入文档名称后存盘。

3.2.2　字符格式设置

字符可以是一个汉字，也可以是一个字母、一个数字或一个单独的符号，字符的格式包括字符的字体、字号、字形、字符颜色、字符间距、文字效果及各种表现形式。

简单的字符格式可以通过"开始"选项卡的"字体"组中的命令按钮设置，如设置字体加粗，可以单击"字体"组中的"加粗"按钮 **B** 来实现；设置字体字号，可以单击"字体"组中的"字号"下拉列表按钮选择字号。设置操作也可以通过快捷键完成，如选择字体下划线，可以按 Ctrl+U

组合键。

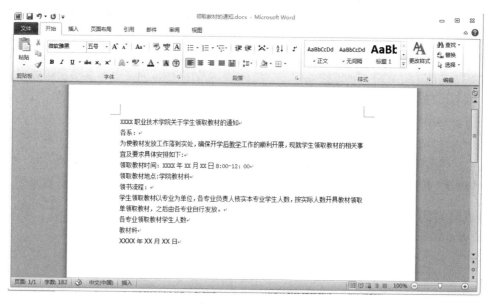

图 3-7　通知内容

但是，一些特殊的字体必须通过"字体"对话框才能完成设置。如果要制作出更具有艺术性的字符效果，如变形字体、旋转字等，可以通过艺术字完成。单击"开始"选项卡"字体"组中的"字体"对话框启动器按钮，可以打开"字体"对话框。

（1）标题字体的设置。选中标题段文字，在"开始"选项卡的"字体"组中依次设置字体为"黑体"、字号为"小二"、字形为"加粗"，如图 3-8 所示。

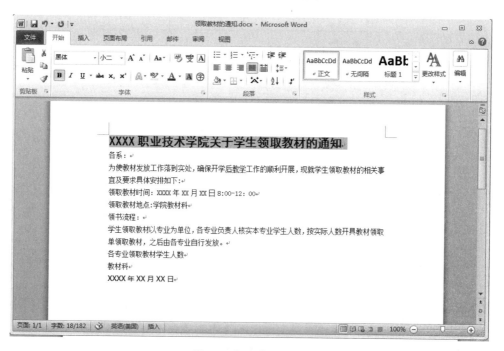

图 3-8　标题字体设置

（2）正文字体的设置。选中正文各段，在"开始"选项卡的"字体"组中依次设置字体为"宋体"、字号为"小四",如图 3-9 所示。

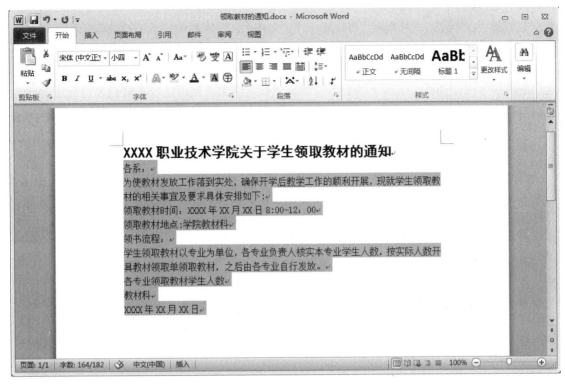

图 3-9　正文字体设置

3.2.3　段落格式设置

段落是指以 Enter 键结束的内容,段落可以包括文字、图片、各种特殊字符等。如果删除了段落标记,则标记后面的一段将与前一段合并,并采用该段的间距。排版的时候,如果懂得快速、巧妙地设置段落格式,不仅可以使文稿样式美观,更可以加快编排速度。

段落格式主要包括段落缩进格式、对齐方式、行间距、段间距、项目符号和编号、分栏、首字下沉和段落样式等。简单的段落格式可以通过"开始"选项卡"段落"组中的命令按钮进行设置,如设置段落居中对齐,可以单击"段落"组中的 按钮来实现;减少段落缩进量,可以单击"段落"组中的 按钮等。同样,复杂的段落格式设置必须通过"段落"对话框才能完成。

常用的段落格式设置可以通过格式工具栏上的工具按钮或标尺来完成,使用"段落"组中的"增加缩进量"按钮,或按 Tab 键,或拖动标尺上的缩进游标来进行段落缩进的设置,如图 3-10 所示的水平标尺上的 4 个缩进游标是段落缩进的常用设置方式。

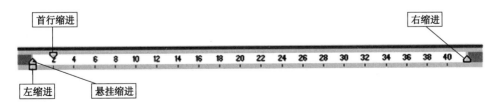

图 3-10　水平标尺上的 4 个缩进游标

首行缩进"▽"游标,在水平标尺上向右拖动此游标,就可控制光标所在段落中第一行第一个字的起始位置。一般在输入中文文档的第一段时，就将首行缩进定位在缩进两个字符的位置，以后各段只要按 Enter 键就自动继承首行缩进两个字的段落格式。

悬挂缩进"△"游标、左缩进"□"游标、右缩进"△"游标都只需拖动游标，就可控制光标所在段落边界缩进的位置。

如图 3-11 所示，页边距是水平标尺中的深色部分，也就是版心边界与页面边界之间的距离。页边距的大小可由拖动标尺中深浅颜色交界线来调整。注意不要混淆段落缩进与页边距的概念。页边距设置正文版心的最大宽度，而段落缩进是指调整文本与（左）页边距之间的距离。

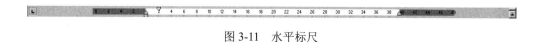

图 3-11　水平标尺

编号和项目符号。

自动编号：选定列表项后，单击"段落"组中的"编号"按钮（ ） 下拉列表，从中选择一种所需的编号形式。

项目符号：选定列表项后，单击"段落"组中的"项目符号"按钮（ ） 下拉列表，从中选择一种所需的项目符号形式。

取消自动编号或项目符号：选定列表项后，单击"格式"工具栏中的"编号"按钮（ ） 或"项目符号"按钮（ ） 。当然，也可单击这两个按钮设置段落的默认编号或项目符号。

1. 标题段落格式的设置

将光标定位到标题行，单击"开始"选项卡的"段落"组中的"段落"启动器按钮 ，打开"段落"对话框。在"段落"对话框中的"常规"选项区域中设置"对齐方式"为"居中"，在"间距"选项中设置"段前"为"1 行"、"段后"为"1 行"，如图 3-12 所示。单击"确定"按钮，退出"段落"对话框。

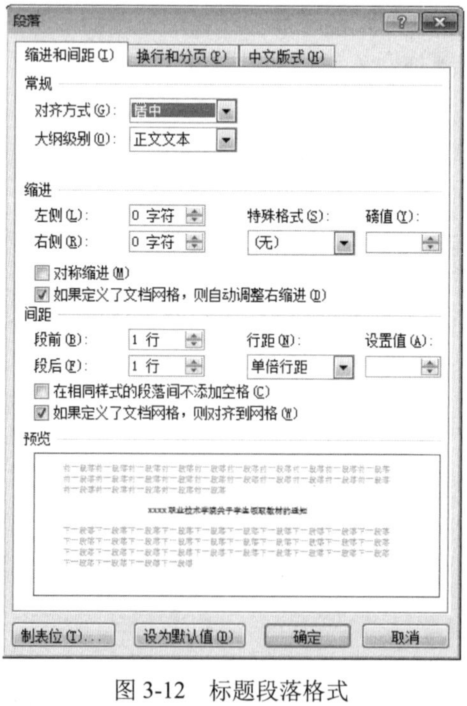

图 3-12　标题段落格式

2．正文段落格式设置

选中正文（除称呼和落款）各段，在"段落"对话框中设置"缩进"为特殊格式：首行缩进 2 字符，设置"行距"为"固定值 23 磅"。

3．添加编号

选中"领取教材时间""领取教材地点""领书流程""各专业领取教材学生人数"等段落，单击"开始"选项卡"段落"组中的"编号"按钮，添加编号，效果如图 3-13 所示。

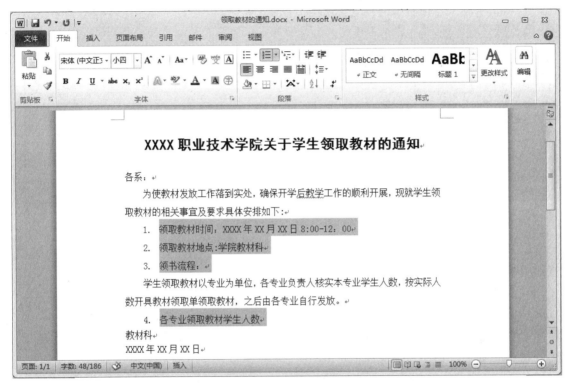

图 3-13　添加编号

4．落款和时间的设置

选中落款和时间，单击"开始"选项卡"段落"组中的"右对齐"按钮。

3.2.4　表格的制作与编辑

用表格说明事物简明、清晰、有条理，在日常学习和工作中，常常要用表格来表达信息，而 Word 同样适合用于制作各种复杂的表格，表格在文字处理中占有相当的比重。

Word 表格中的每一个格子称为单元格，所有单元格都初始化成包含段落标记的段落。因此，对单元格的格式编排就是对段落的格式编排。

在制作或编辑表格的时候，最好调出"表格和边框"工具栏，方法是在工具栏区的任意空白处右击，从可选工具栏菜单中选择"表格和边框"工具栏，或者是从"表格"菜单中选择"绘制表格"命令，也会出现"表格和边框"工具栏。

要插入一个空表格，首先要定位插入点。可以通过以下方法插入表格。

（1）使用鼠标，单击工具栏中的"插入表格"按钮，按住左键，向右下拖曳到所需的行、列数，可创建规则小表格（页面范围内的表格），如图 3-14 所示。

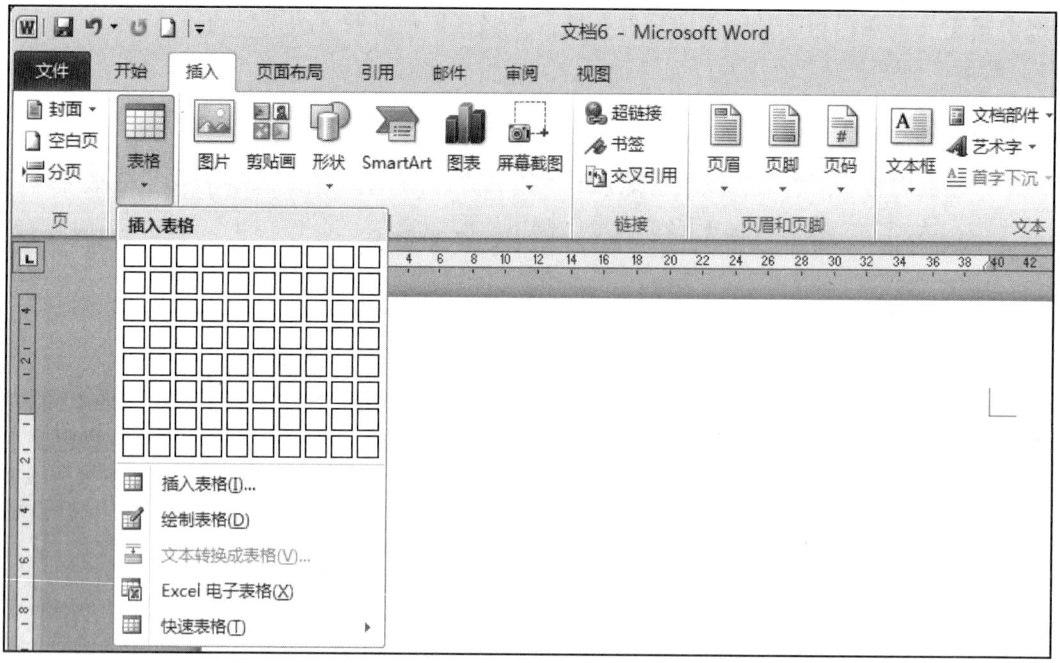

图 3-14　插入表格

（2）在"表格"菜单中选择"插入"→"表格"命令，输入所需的行、列数，可以快速地创建规则表格（一页以上的大表格或小表格）。

（3）通过使用"绘制表格"工具可以快速地创建复杂表格（非规则表格）。在 Word 中单击"表格和边框"工具栏中的"绘制表格"按钮，鼠标指针变为笔形。单击"擦除"按钮，鼠标指针变为橡皮擦形，就可以如同拿着笔和橡皮一样在屏幕上方便自如地绘制自由表格。绘制时应先确定表格的外围边框，可以从表格的一角拖动至其对角，然后再绘制其中的各行各列。

空白表格绘制完成后，单击某个单元格，便可输入文字或插入图形。注意，当某个单元格中输入的文字等对象过多时，表格会自动折行，从而改变表格的整体结构。所以在绘制自由表格时，应事先充分考虑各单元格的大小，留足余地。

当表格移动控点出现在表格左上角后，将鼠标移动到控点上方。片刻后鼠标光标即可变成四向箭头光标，就可以将表格拖动到页面的任意位置。

将光标停留在表格内部，直到表格尺寸控点（一个口字）出现在表格右下角。移动鼠标至表格尺寸控点，出现向左倾斜的双向箭头后，沿箭头指示方向拖动即可实现表格的整体缩放了。

当选定表格或鼠标指针停留在表格中的任一单元格中时，Word 2010 的标题上会出现"表格工具"菜单，而当取消表格选择或鼠标指针离开表格的任意区域时，此"表格工具"菜单消失，"表格工具"菜单中有"设计"和"布局"两个选项卡。

"设计"选项卡：可以进行表格样式的设置，边框与底纹的设置等，如图 3-15 所示。

"布局"选项卡：可以进行行与列的插入、对齐方式的设置等，如图 3-16 所示。

1．插入表格

在"各专业领取教材学生人数"下插入一个新行，光标放在该行，插入一个 5×5 的表格。如图 3-17 所示。

图 3-15 "设计"选项卡

图 3-16 "布局"选项卡

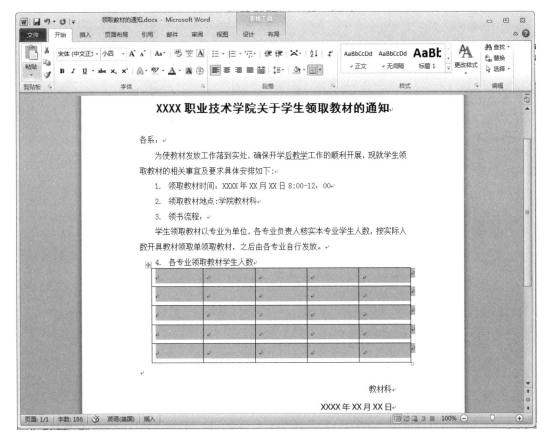

图 3-17 插入表格

2. 合并单元格

合并单元格的方法如下。

（1）选择表格中需要合并的两个或两个以上的单元格。右击被选中的单元格，在弹出的快捷菜单中选择"合并单元格"命令即可。

（2）选择表格中需要合并的两个或两个以上的单元格。单击"布局"选项卡。在"合并"组中单击"合并单元格"按钮即可，如图 3-18 所示。

图 3-18　合并单元格

（3）在表格中单击任意单元格。单击"设计"选项卡。在"绘图边框"组中单击"擦除"按钮，鼠标指针变成橡皮擦形状。在表格线上拖动鼠标左键即可擦除线条，将两个单元格合并。按 Esc 键或再次单击"擦除"按钮取消擦除状态。

3．为单元格添加文字

在相应的单元格中输入文字内容，如图 3-19 所示。

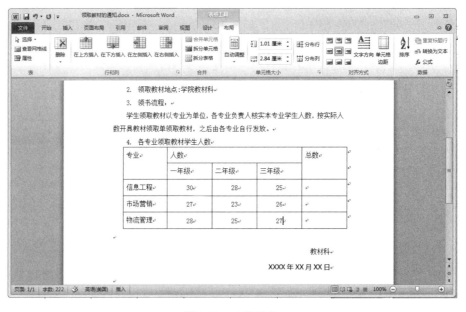

图 3-19　文字输入

4．设置表格的属性

（1）调整表格单元格的宽度和高度

将鼠标指针停留在表格的竖直框线上，直到鼠标指针变成" ⊪ "形状，按下鼠标右键，窗口中出现一条竖直的虚线，此时拖动鼠标可以进行宽度的调整，将单元格的宽度调整到合适的位置。

将鼠标指针停留在表格的水平框线上，直到鼠标指针变成"÷"形状，按下鼠标右键，窗口中出现一条水平的虚线，此时拖动鼠标可以调整其高度，将单元格的高度调整到合适的位置。

（2）设置单元格中对象的对齐方式

选择需要设置的单元格，单击"布局"选项卡中的"对齐方式"组中的按钮，将选中单元格中的文字按需要进行设置，本案例的单元格为"水平居中"，使文字在单元格内水平和垂直方向都居中，如图 3-20 所示。

5. 表格中的计算

借助 Word 2010 提供的数学公式运算功能对表格中的数据进行数学运算，包括加、减、乘、除、求和、求平均值等常见运算。

要计算表格的总数，则先将鼠标定位于平均分下的第一个单元格中。单击标题栏上方"表格工具"菜单中的"布局"选项卡"数据"组中的"f（x）公式"按钮，打开"公式"对话框，如图 3-21 所示。默认公式为"=SUM（LEFT）"表示对左侧连续单元格内的数据求和，单击"确定"按钮则可以得出第一个总数，其他单元格的平均值计算可以采用同样的方法获得，最后效果如图 3-22 所示。

图 3-20　表格的对齐方式

图 3-21　插入"公式"对话框

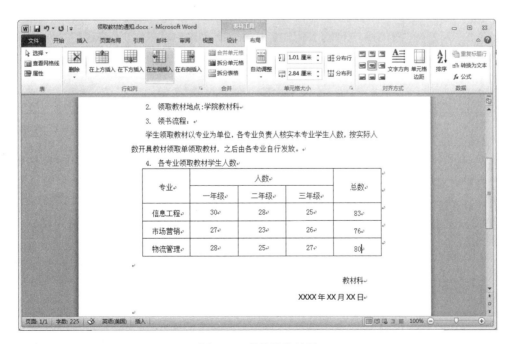

图 3-22　总数计算结果

3.2.5 打印输出

创建、编辑和排版文档的最终目的是获取纸质文档，Word 2010 具有强大的打印功能。打印前可使用 Word 中的"打印预览"功能，在屏幕上观看即将打印的效果，如果不满意还可以对文档进行修改。

（1）打印预览。打开 Word 2010 文档窗口，执行"文件"→"打印"命令，如图 3-23 所示。在"打印"窗口右侧预览区域，可以查看文档的打印预览效果，还可以通过调整预览区下面的滑块改变预览视图的大小。

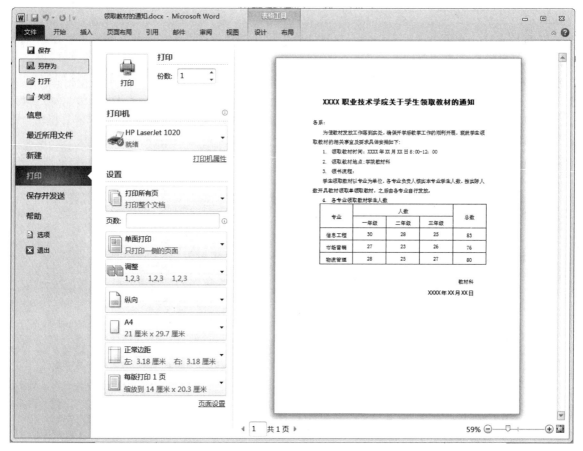

图 3-23 打印预览

（2）在"打印"选项组的"份数"文本框中设置打印份数；在"打印机"下拉列表中选择打印机并查看打印机的状态、类型、位置等信息。单击"打印机属性"命令，可对选择的打印机属性进行设置。

（3）在"设置"选项区域中可设置打印的页数、单面打印、双面打印、调整页边距、选择纸张大小、方向等。设置完成后，单击"打印"按钮，即可打印输出文档。

任务 3.3 个人简历的制作

个人简历是自己学习生活的简短集锦，也是求职者自我评价和认定的主要材料。它是一扇窗户，能使用人单位通过它了解到求职者的部分情况，也能激起用人单位与求职者进一步接触的浓厚兴趣。本任务以制作个人简历为例，如图 3-24 所示，包含个人简历的封面、简历表、自荐书，通过这个项目，熟练应用 Word 中的各种排版技术。

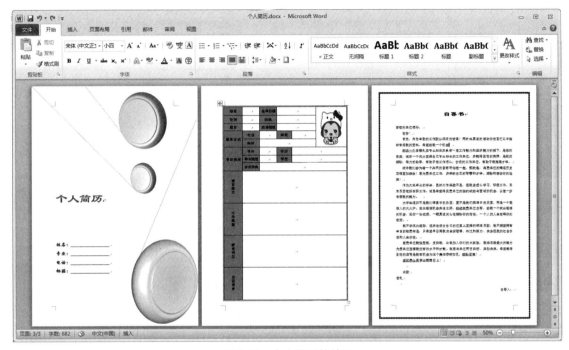

图 3-24　个人简历的效果

3.3.1　设置页面格式

1. 新建文档

启动 Word 2010，新建一个名为"个人简历.docx"的 Word 文档。

2. 页面设置

文档给人的第一印象是它的整体布局，完善布局需要进行页面设置。页面设置包括文档的页面大小、页面走向、页边距、页眉、页脚等内容。

如果只是对文档的页面进行简单设置，可切换到"页面布局"选项卡，然后在"页面设置"组中单击相应的按钮进行设置。

页边距：页边距是指文档内容与页面边沿之间的距离，用于控制页面中文档内容的宽度和长度。单击"页边距"按钮，可在弹出的下拉列表中选择页边距大小。

纸张方向：默认情况下，纸张的方向为"纵向"。若要更改其方向，可单击"纸张方向"按钮，在弹出的下拉列表中进行选择。

纸张大小：默认情况下，纸张的大小为"A4"。若要更改其大小，可单击"纸张大小"按钮，在弹出的下拉列表中进行选择。

如果要进行更详细的设置，可通过"页面设置"对话框实现，单击"页面设置"对话框启动器按钮 ，打开"页面设置"对话框，可以设置页面的相关内容。

设置文档的页面格式，"上、下页边距"为"2.5 厘米"，"左、右页边距"为"3 厘米"，

"纸张方向"为"纵向"，"纸张大小"为"A4"，如图 3-25 和图 3-26 所示。

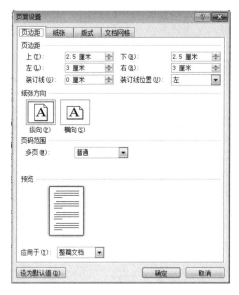

图 3-25　"页边距"选项卡

图 3-26　"纸张"选项卡

3.3.2　制作封面

在 Word 2010 中，可以通过简便的方法完成封面的制作，单击"插入"选项卡"页"组中的"封面"按钮，则会弹出很多内置的封面格式，如图 3-27 所示。

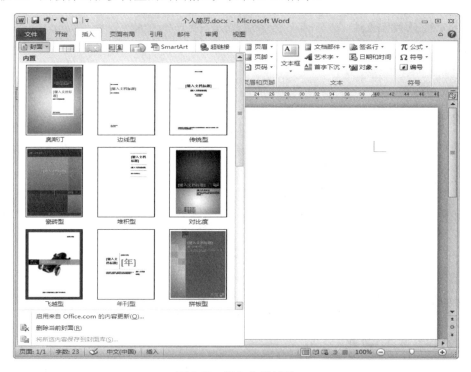

图 3-27　插入内置封面

（1）选择样式"现代型"，则文档会自动在文档的最前面插入一张封面，如图 3-28 所示。

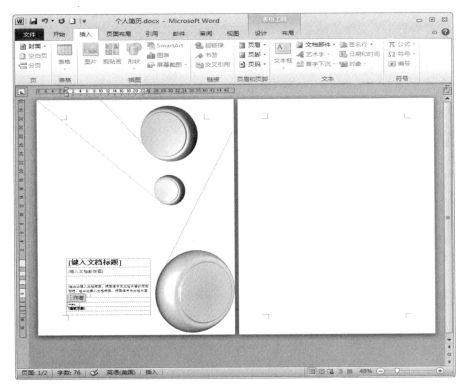

图 3-28 "现代型"内置封面

（2）把封面的表格移至合适的位置，在"键入文档标题"处输入"个人简历"，并设置字体为"隶书、初号"，如图 3-29 所示。

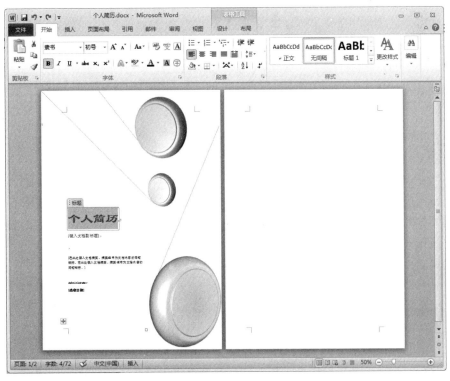

图 3-29 输入"个人简历"

（3）删除封面表格的"副标题""摘要""作者""日期"等部分，把光标放在"个人简历"下方，输入"姓名：""专业：""电话：""邮箱："，设置字体为楷体，三号，加粗，并在"姓名：""专业：""电话：""邮箱："后加上若干个空格符，分别选中相应的空格加上下划线 <u>U</u>。封面效果如图 3-30 所示。

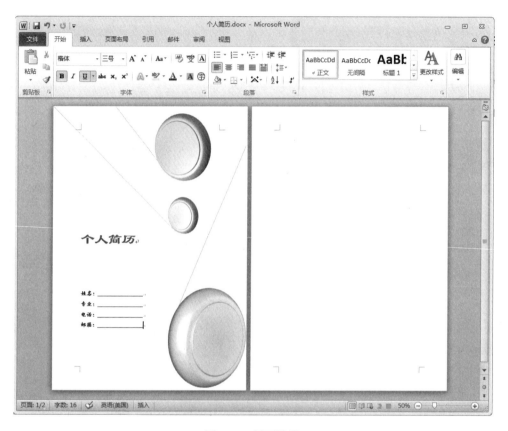

图 3-30 封面效果

3.3.3 制作简历表格

表格的"边框与底纹"设置也是美化表格的重要部分，前面已经对 Word 中的表格进行讲解，本任务的简历表格能让读者熟练掌握表格的排版技术。

（1）插入表格。在第二页插入一个 6×12 的表格，按图 3-31 的样式合并单元格，调整表格单元格的高度和宽度，输入文字并设置文字的方向及对齐方式。

（2）插入相片。把光标放在插图片的单元格，单击"插入"选项卡"插图"组的"图片"按钮，按图片路径选择插入图片，效果如图 3-32 所示。

（3）设置表格边框和底纹。

表格的灵魂是表格线，在 Word 中有两类表格框线：一类是实框线，即打印和屏幕显示都出现的边框，这是真正的表格线，这一类表格线有粗细和各种不同的线形（包括虚线线形）；另一类是表格虚框，这是仅在屏幕上显示的表格虚框线，只用于识别单元格的位置，不会打印出来。以下所说的表格线，指的都是第一类，即实框线。表格虚框线可在特殊的情况下使用，如为了对齐大量表列形式的文本，就可以借助于虚框线形式的表格来放置文本，这样打印出来的文本就可以非常方便地对齐和调整了。

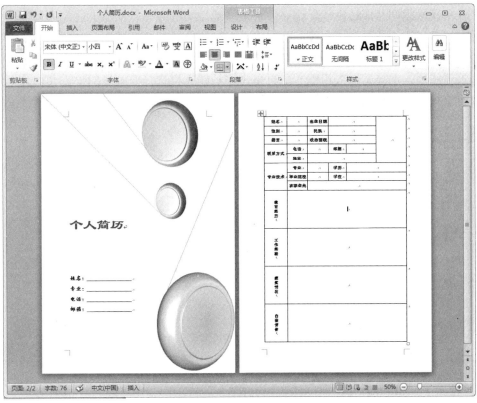

图 3-31　插入简历表格

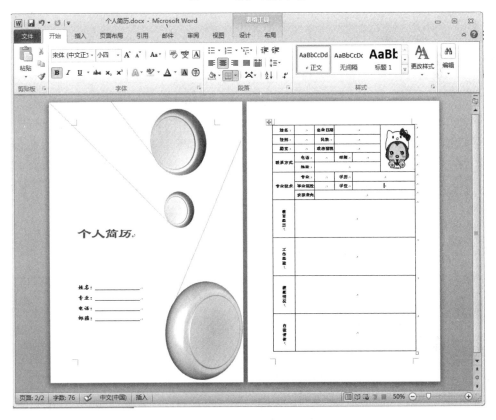

图 3-32　插入照片

要想在单元格之间打印边框线，则必须对表格运用实框线（包括以虚线或点划线形式打印的虚线边框，注意虚线边框不是虚框线）。制作表格线的途径有以下两个。

途径一：选定表格后，选择"表格工具"菜单下的"设计"选项卡，在"绘图边框"组中，可以选择设置线型，选择磅值（粗细），再单击"框线"栏选择要画线的位置（如外框线、内框线）。也可选择线型、粗细后，单击该工具栏中左上角的"画笔"工具，当鼠标指针呈笔形时，直接用"画笔"画线，用"画笔"还可以画斜线。如前所述，"画笔"不仅仅是画线，用这支"画笔"和"橡皮擦"还可以直接绘制自由表格。

途经二：通过"边框和底纹"对话框画线，如图 3-33 所示。这个对话框不仅仅可以应用于表格框线，还可以作用于非表格形式的文字、段落和页面的边框线及底纹。

图 3-33 "边框和底纹"对话框

从"格式"菜单中选择"边框和底纹"调出"边框和底纹"对话框。在"边框"选项卡的"样式"列表框内选择线型（即单线、双线、虚线等），在"宽度"下拉列表框内，选择线的磅值（即线的粗细）。在"颜色"下拉列表框内选择线的颜色；单击"设置"选项区域中的"方框"图标，在"预览"选项区域内显示所选择的边框线型。"边框和底纹"对话框也可以设置斜线、表格内线的粗细，方法是单击"预览"框内相应的按钮即可，所有的参数设置好以后，单击"确定"按钮。

（1）选择整个表格，选择"表格工具"→"设计"→"表格样式"选项，单击"边框和底纹"启动按钮，如图 3-34 所示，设置表格的外框线为 1.5 磅的双实线，内框线为 1 磅的单实线。

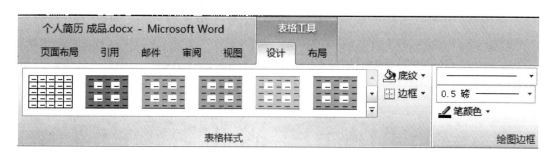

图 3-34 表格的边框

（2）选中要设置底纹的单元格，设置单元格为浅蓝色底纹，如图 3-35 所示。

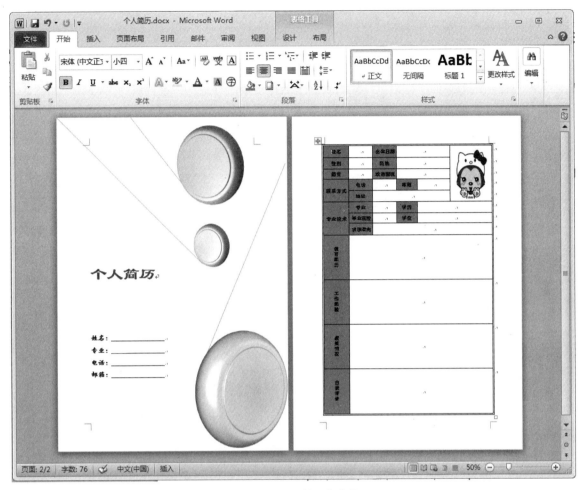

图 3-35　设置单元格底纹

3.3.4　编辑自荐书

1．插入新页面

将光标定位在表格下方，选择"页面布局"→"页面设置"→"分隔符"→"分节符"→"下一页"命令，此时文档在此处插入一张新页。

2．文字输入

输入自荐书正文内容的文字或使用复制/粘贴的方法，将事先准备好的正文内容文字素材粘贴到第三张页面。

3．字体格式化

选定标题，将其设置为"隶书、二号""加粗"；选定正文所有的文字，将其设置为"宋体、小四"。

4．段落格式化

（1）将标题设置为"居中""段前、段后 1.5 行"。

（2）选定正文部分文字，单击菜单栏的"格式"菜单，选择"段落"命令，打开"段落"对话框，选择"缩进和间距"选项卡。在"常规"选项区域中的"对齐方式"中选择"两端对齐"，在"间距"选项区域中的"行距"下拉列表框中选择"多倍行距"，设置值为"1.3"，如图 3-36 所示。

（3）选定"您好！"至"此致"部分文字，打开"段落"对话框，在"缩进"选项区域中的"特殊格式"下拉列表框中选择"首行缩进"选项，"磅值"选择"2 字符"选项，如图 3-37 所示。

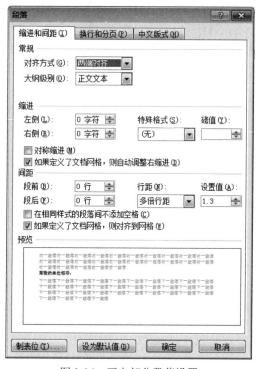

图 3-36　正文部分段落设置

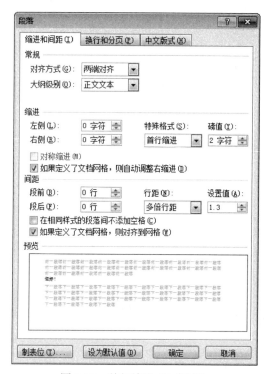

图 3-37　首行缩进"2 字符"

（4）将最后的"自荐人"对齐方式设置为"文本右对齐"。

5．页面背景

好的 Word 背景能够渲染主体，让文字、版面变得生动，给文章赋予活力。在默认情况下，Word 文档使用白纸作为背景，但有时为了增强文档的吸引力，需要为文档设置特殊背景。可以为背景应用渐变、图案、图片、纯色或纹理等效果，渐变、图案、图片和纹理将进行平铺或重复以填充页面。

此任务中，我们将"自荐书"部分的页面添加页面边框，具体操作步骤如下。

在"页面布局"选项卡的"页面背景"组中，单击"页面边框"按钮，打开"边框和底纹"对话框，选择"页面边框"选项卡，选择"艺术型"第 2 种，宽度为"5 磅"，"应用于"下拉列表中选择"本节"选项。如图 3-38 所示。

完成"自荐书"的正文排版，效果如图 3-39 所示。

图 3-38 设置本节页面边框

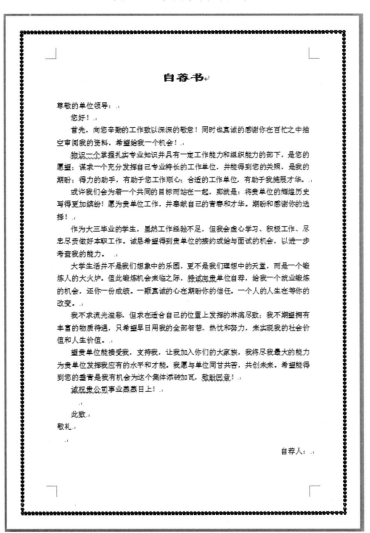

图 3-39 "自荐书"的排版效果

任务 3.4   社团宣传册的制作

Word 图文混排使用到的基本对象有图片、艺术字、文本框、SmartArt 图形、图表等，基本的方法是编辑和格式化设置对象的大小、位置、环绕方式、对齐方式、组合对象及对象上下层叠加的关系等。本任务以制作"环保协会宣传册"为例，如图 3-40 所示，介绍 Word 中的图文混排的各种操作。

图 3-40   "环保协会宣传册"的效果

3.4.1   版面设置

1．新建文档

启动 Word 2010，新建一个名为"环保宣传册.docx"的 Word 文档。

2．页面设置

选择"页面布局"选项卡的"页面设置"组，打开"页面设置"对话框。选择"页边距"选项卡，设置"上、下页边距"为"2 厘米"，"左右页边距"为"2 厘米"，"纸张方向"为"纵向"。

3．设置眉脚

页眉和页脚是指在每一页顶部和底部加入的信息。

（1）选择"插入"选项卡中的"页眉"命令，内置样式选择"空白"选项，进入"页眉和页脚"编辑状态，如图 3-41 所示。

（2）将光标置于第 1 页的页眉左端，输入"环保协会宣传册"字样。

（3）按下 Tab 键，移动光标到页眉的中间，输入"第   页"字样。

图 3-41　页眉编辑状态

（4）将光标置于"第"和"页"字的中间，选择"插入"选项卡的"页眉和页脚"组的"页码"选项，选择其下拉列表框中的"当前位置"中的"普通数字"选项。得到如图 3-42 所示的页眉。

图 3-42　页眉的效果

（5）选择"关闭页眉和页脚"按钮，退出"页眉"编辑状态。

3.4.2　版面设计

制作宣传册的首要步骤就是要进行版面设计，需要事先思考好如何划分不同的区域，及各个区域里应存放哪些文字、图片、图表，需要有什么特殊显示效果。

1．第 1 页的版面设计

按照第 1 页的内容，确定版面设计的大体轮廓，利用文本框绘制出整体布局的基本轮廓，如图 3-43 所示。

2．第 2 页的版面设计

按照第 2 页的内容，确定版面设计的大体轮廓，利用文本框绘制出整体布局的基本轮廓，鉴于在文本框和表格中的文字不能进行分栏，"绿色环保小常识"一文不能用表格或文本框进行布局。第 2 页的版面设计的大体轮廓如图 3-44 所示。

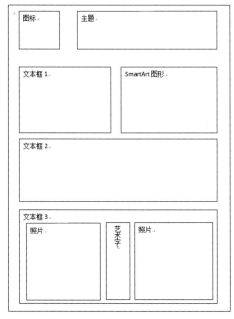

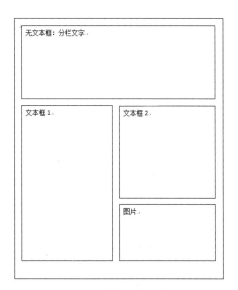

图 3-43　第 1 页版面设计　　　　　　　　图 3-44　第 2 页版面设计

3.4.3 图标和主题

1．插入图标

双击鼠标定位到需要插入图标的相应位置，选择"插入"选项卡的"插图"组中的"图片"命令，打开"插入图片"对话框，选择需要的图片文件，单击"确定"按钮。调整图标大小，将图标缩小至合适大小，将图片版式设置为"四周型环绕"，移至合适的位置。

2．插入艺术字

将光标定位到图标的右侧位置，选择"插入"选项卡的"文本"组中的"艺术字"按钮（），打开"艺术字库"对话框。在"艺术字库"对话框中选择一个样式，此处可以选择"填充-绿色，强调文字颜色6，暖色粗糙棱台"，将艺术字"青青校园 环保协会"的字体设置为黑体，字体大小为初号，加粗，调整位置。即可以得到如图3-45所示的艺术字。

图 3-45　图标和主题的效果

图片插入、艺术字创建好之后，当选择图片或艺术字的时候，标题栏将出现"图片工具"或"绘图工具"的选项卡，其中包含可对图片和艺术字进行操作的多种工具按钮。

3.4.4 文字框的链接

在使用Word 2010制作手抄报、宣传册等文档时，往往会通过使用多个文本框进行版式设计。通过在多个Word 2010文本框之间创建链接，可以在当前文本框中充满文字后自动转入所链接的下一个文本框中继续输入文字。本任务中第1页面的文本框1和文本框2就是使用了文本框的链接，链接文本框的步骤如下。

（1）在文本框1中输入"环保协会概况"正文内容的文字或使用复制/粘贴的方法，粘贴事先准备好的正文内容文字素材。设置标题为"方正舒体，二号，加粗，字体颜色紫色""居中"，正文文字为"仿宋，小四"、段落"两端对齐，首行缩进2字符、行距固定值15磅"。

（2）调整文本框1和文本框2的位置与尺寸，并选择文本框1。在打开的"格式"选项卡中，单击"文本"组中的"创建链接"按钮，如图3-46所示。

（3）当鼠标指针变成水杯形状时，将水杯形状的鼠标移动到准备链接到下一个文本框内部。鼠标指针变成倾斜的水杯形状，单击即可创建链接，如图3-47所示。

图 3-46　"创建链接"按钮

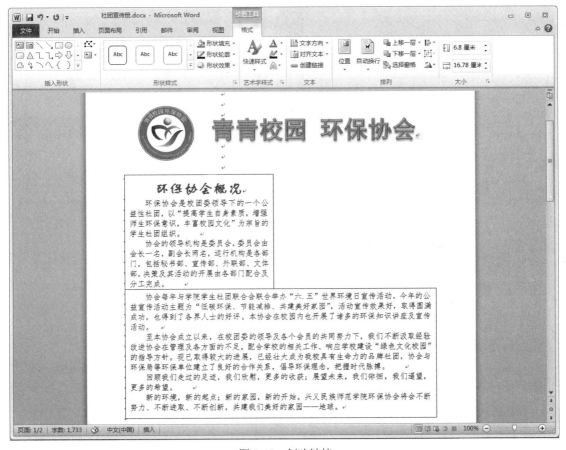

图 3-47　创建链接

（4）将文本框 1 和文本框 2 设置为"无轮廓"。选中文本框 1，在"格式"选项卡中，单击"形状样式"组中的"形状轮廓"按钮，在下拉列表中选择"无轮廓"选项。文本框 2 操作亦是如此。

文本框的创建链接要注意被链接的文本框必须是空白文本框，如果被链接的文本框为非空白文本框将无法创建链接。也可以在多个文本框之间创建链接，只需重复上述步骤（2）和（3）即可。如果需要创建链接的两个文本框应用了不同的文字方向设置，将提示用户后面的文本框将与前一个文本框保持一致的文字方向。如果前面的文本框尚未充满文字，则后面的文本框将无法直接输入文字。

（5）设置和调整文本框格式属性的方法如下。

①用鼠标选取需调整的文本框，当鼠标指针呈"　"形状时拖动鼠标进行文本框位置的调整。

②用鼠标选取文本框（出现控点），如图 3-48 所示，将鼠标指针定位于控点处（指针呈双向箭头）拖动鼠标进行文本框大小的调整。

③用鼠标选取需调整的文本框，右击，在弹出的快捷菜单中选择"设置形状格式"命令，打开"设置形状格式"对话框，如图 3-49 所示。

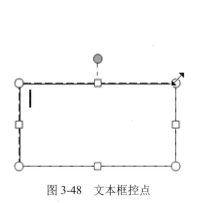

图 3-48　文本框控点

图 3-49　"设置形状格式"对话框

④通过"填充"选项区域的属性设置，可调整文本框的背景色和透明度。

⑤通过"线条"选项区域的属性设置，可调整文本框边框的颜色、虚实、线型、粗细等属性。

3.4.5　插入 SmartArt 图形

使用 SmartArt 图形的特殊效果，可快速形成独特的组织结构，突出文字的特殊内涵。

（1）将光标定位在需要插入 SmartArt 图形的位置。

（2）单击"插入"选项卡的"插图"组中的"SmartArt"按钮，打开"选择 SmartArt 图形"对话框，如图 3-50 所示。

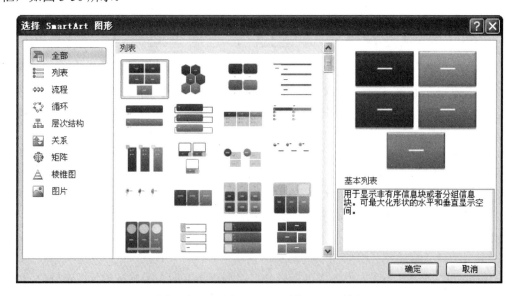

图 3-50　"选择 SmartArt 图形"对话框

（3）在"层次结构"列表框中选择"层次结构图"选项，单击"确定"按钮，在文档中插入"层次结构图"SmartArt 图形，如图 3-51 所示。

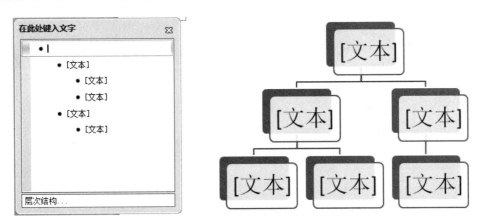

图 3-51　插入"层次结构图"SmartArt 图形

（4）选中该图形，在"SmartArt 工具"中选择"设计"选项卡中的"SmartArt 样式"选项，可以更改颜色，单击"更改颜色"按钮，选择"彩色范围-强调文字颜色 5～6"。选中该图形中第 3 层第 3 个文本框，在"创建图形"组中选择"添加形状"按钮，添加第 4 个文本框，并在所有文本框中添加文字。效果如图 3-52 所示。

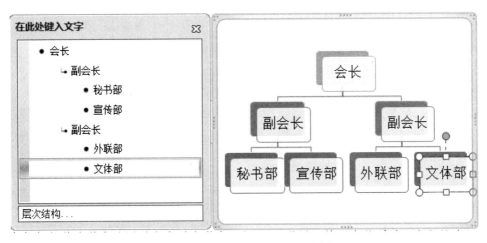

图 3-52　设置 SmartArt 图形样式

3.4.6　设置图片、艺术字的样式

在"图片工具"中的"格式"选项卡中，可以对图片进行调整、修改样式、排列和大小设置等。制作出比较美观的图文并茂式的文档，往往需要按照版式需求安排图片位置。Word 2010 中有 3 种方法可以设置图片文字环绕，从而使图片位置能够灵活移动。

第一种方法：选中想要设置文字环绕的图片，然后在"图片工具"选项卡的"排列"当中单击"位置"按钮。接着在列表中选择符合实际需要的文字环绕方式，可以选择"顶端居左，四周型文字环绕""顶端居中，四周型文字环绕"等 9 个选项之一，如图 3-53 所示。

第二种方法：选中想要设置文字环绕的图片，然后在"图片工具"选项卡的"排列"中单击"自动换行"按钮。在菜单中可以选择"四周型环绕""紧密型环绕""穿越型环绕""上下型环绕""衬于文字下方"和"浮于文字上方"等多个选项之一来设置图片的文字环绕，如图 3-54 所示。

图 3-53　设置文字环绕方式　　　　　　　　图 3-54　设置文字环绕的图片

第三种方法：在"图片工具"选项卡的"排列"当中单击"自动换行"按钮。在菜单中选择"编辑环绕顶点"命令。拖动图片周围出现的环绕顶点，按照版式要求设置环绕形状后单击文字即可应用该形状。

（1）在文本框 3 中间位置插入艺术字，此处可以选择 "填充-橙色，强调文字颜色 2，粗糙棱台"，输入文字"我们的活动"，选择文本的文字方向为"垂直"，调整艺术字的位置和大小。

（2）在艺术字两侧分别插入图片，选中图片，在"图片工具"的"格式"选项卡中选择图片样式"棱台亚光，白色"，调整图片的位置和大小。

（3）选中文本框 3，在"绘图工具"的"格式"选项卡中选择"形状样式"组，单击"形状轮廓"按钮，设置文本框轮廓，选择"绿色""3 磅""方点虚线"。效果如图 3-55 所示。

图 3-55　文本框 3 的设置效果

3.4.7 分栏

报刊、杂志等新闻稿的排版，常常将版面分成多栏，使版面更加丰富。在 Word 中设置分栏是很容易的，只是分栏前选定的文本是否含有段落标记往往是分栏能否成功的关键。

因此选定需要设置分栏的文本时，如果对文档的最后一段进行分栏，必须在最后加回车符，即在选定文本的后面留出一个段落标记（空段落）不要选取。然后单击"格式"菜单中的"分栏"命令，在"分栏"对话框中设定分栏数和是否需要分隔线即可。

只有在页面视图方式下才能见到分栏设置的效果，在水平标尺上也可看到分栏的划分。分栏必定分节，在普通视图下看不到分栏，但可见分节线。要删除分栏，可切换到普通视图方式下删除分节线，或者选取已经设置分栏的文本，再做一次分栏操作且设定分栏数为 1。

还要注意的是，若某一段文字同时有首字下沉和分栏的设置要求，一般应先进行分栏，后进行首字下沉的操作。若先进行首字下沉，后进行分栏的操作，则分栏选定时不要将下沉的首字选中，否则分栏操作无法执行。

第 2 页的"绿色环保小常识"一文按排版的要求进行分栏显示并插入图片，因此不能用文本框进行排版，这里采用 Word 的分栏方法进行排版，具体操作步骤如下。

（1）在第 2 页输入"绿色环保小常识"正文内容的文字或使用复制/粘贴的方法，粘贴事先准备好的正文内容文字素材。设置标题为"华文彩云，二号，加粗，字体颜色浅蓝""边框和底纹为 0.75 磅的双波浪线和黄色的底纹，应用于文字""居中"，如图 3-56 和图 3-57 所示。正文文字为"楷体，五号"、段落"两端对齐，首行缩进 2 字符、行距固定值 18 磅"。

图 3-56 设置边框   图 3-57 设置底纹

（2）选定该篇文章的所有段落，包括段落标记。选择"页面布局"选项卡的"页面设置"组中的"分栏"选项，在其下拉列表框中选择"更多分栏"选项，如图 3-58 所示。

（3）在"分栏"对话框中的"预设"选项区域选择"两栏"选项，"宽度和间距"选项区域参数不调整，选中"分隔线"复选框，在"应用于"下拉列表选择"整篇文档"选项，单击"确定"按钮，如图 3-59 所示。

（4）插入相应的图片，调整图片的大小和位置，并设置图片的版式为"衬于文字下方"。分栏后的排版效果如图 3-60 所示。

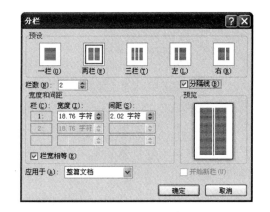

图 3-58 "更多分栏"选项　　　　图 3-59 "分栏"对话框

随着科技的进步，人们的生活水平有很大提高，但是污染也随之而来，低碳、环保也越来越引起人们的重视，这里分享一些我们每个人在生活中力所能及的一些绿色环保小知识。

（1）节约用水。随时关上水龙头，别让水白流；看见漏水的龙头一定要拧紧它。尽量使用二次水。例如，淘米或洗菜的水可以浇花；洗脸、洗衣后的水可以留下来拖地、冲厕所。如果您家冲水马桶的容量较大，可以在水箱里放一个装满水的可乐瓶，你的这一小小行为每次可节约 1.25 升水。

（2）节约用电。随手关灯、少用电器、少用空调为减缓地球温暖化出一把力；不要让电视机长时间处于待机状态，只用遥控关闭，实际并没有完全切断电源。每台彩电待机状态耗电约 1.2 瓦/小时；使用节能灯，节能灯虽然价格贵，但比普通灯要省电。用温水、热水煮饭，可省电 30%。

（3）交通工具。出行尽量选择公交车、地铁、自行车，少开私开车，减少尾气排放；有私家车的人尽量使用无铅汽油，因为铅会严重损害人的健康和智力。

（4）节约森林。少用快餐盒、纸杯、纸盘等，尤其要少用一次快筷子。一次性筷子是日本人发明的。日本的森林覆盖率高达 65%，但他们的一次性筷子全靠进口，我国的森林覆盖率不到 14%，却是出口一次性筷子的大国。充分利用白纸，尽量使用再生纸，用过一面的纸可以翻过来做草稿纸、便条纸。拒绝接受那些随处散发的宣传物，制造这些宣传物既会大量浪费纸张，又会因为随处散发、张贴而破坏坏市容卫生。再生纸是用回收的废纸生产的。一吨废纸=800 千克再生纸=17 棵大树。

（5）利用好可回收物品。生活中有许多废物是可以再利用的，如果是完好的物品，可以在自己的城市二手市场卖给需要的人，可回收垃圾可再次生产利用。

图 3-60 分栏的效果

3.4.8 设置文本框属性

（1）在文本框 1 和文本框 2 中分别输入相应正文内容的文字或使用复制/粘贴的方法，粘贴事先准备好的正文内容文字素材。

（2）设置文本框 1 的标题为"华文琥珀，三号，橙色""居中"；正文文字为"仿宋，五号"、段落"两端对齐，首行缩进 2 字符、行距固定值为 18 磅"。

设置文本框 1 的形状样式为"水滴"纹理填充，效果如图 3-61 所示。

（3）设置文本框 2 的文本文字方向为"垂直"，标题为"黑体，二号，蓝色""居中"；正文文字为"华文新魏，五号"、段落"两端对齐，行距固定值为 20 磅"。

设置文本框 2 的形状样式为"浅绿色，线性向左变体"渐变填充。

在文本框 2 下插入图片，调整位置和大小。效果如图 3-62 所示。

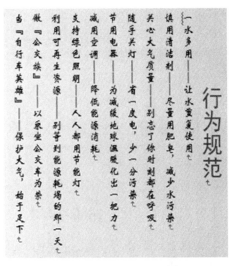

图 3-61　文本框 1 的设置效果　　　　　图 3-62　文本框 2 的设置效果

完成以上操作，再对一些细节进行调整使之更加协调美观，那么一份完整的宣传册的设计与制作就完成了。

项目训练

结合学到的 Word 2010 知识，制作一份班级简报。要求如下。

1．选择相应的主题，如"美丽家园"和"大学生活"，收集相关的文字和图片素材。

2．要求有主题和内容两部分，主题包括图片和艺术字，内容要详略得当，版面均衡协调，图文并茂，美观大方、布局合理。

3．要运用文本框或表格进行版面布局设计，页面设置为 A4，两版。

4．要运用适当的艺术字、艺术横线、分栏等，实现版面的图文混排。

项目 4　Excel 2010 的使用

任务 4.1　认知 Excel 2010 基础

4.1.1　Excel 2010 启动与退出

（1）在计算机中安装了 Excel 2010 后，便可以通过以下几种方式启动。

①可双击桌面上的 Excel 2010 快捷方式图标 。

②执行"开始"→"所有程序"→"Microsoft Office"→"Microsoft Excel 2010"命令，如图 4-1 所示。

图 4-1　Excel 2010 安装后的程序组位置

③直接打开已存在的电子表格，则在启动的同时也打开了该文件。

（2）如果想退出 Excel 2010，可选择下列任意一种方法。

①单击"文件"菜单中的"退出"选项。

②单击标题栏左侧的 图标，在出现的菜单中单击"关闭"选项。

③单击 Excel 2010 窗口右上角的关闭图标 。

④按 Alt+F4 组合键。

在退出 Excel 2010 时，如果还没保存当前的工作表，会出现一个提示对话框，如图 4-2 所示，询问是否保存所做的修改。

若用户想保存文件，就单击"保存"按钮，若不想保存就单击"不保存"按钮，如果不想退出 Excel 2010 就单击"取消"按钮。

图 4-2　退出 Excel 2010 时的对话框

4.1.2　Excel 2010 的工作界面

Excel 2010 启动后，会自动打开一个名为"工作簿 1"的 Excel 文件，其界面主要由标题栏、文件菜单、快速访问工具栏、功能区、数据编辑区、状态栏和工作簿窗口等组成，如图 4-3 所示。

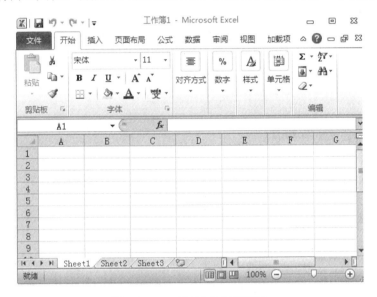

图 4-3　Excel 2010 的工作窗口

1．标题栏

标题栏位于窗口的顶部，主要用来表明所编辑的文件的文件名、"最小化"按钮、"还原"按钮及"关闭"按钮等。

2．文件菜单

文件菜单位于工作窗口的左上角，当单击该按钮时可以弹出一个下拉菜单，该菜单的功能主要有新建文件、打开文件、保存文件、打印文件、退出等常用功能。

3．快速访问工具栏

快速访问工具栏位于文件菜单的右面，用户利用快速访问工具按钮可以更快速、更方便地工作。默认情况下有 3 个工具可用，分别是"撤消""恢复"和"保存"工具。用户可以单击工具栏右边的 ▼ 来增加其他工具。

4．数据编辑区

数据编辑区位于功能区的下方，它是 Excel 窗口特有的，用来显示和编辑数据、公式。由 5 个部分组成，从左向右依次是名称框、"插入函数"按钮 fx（单击它可打开"插入函数"对话框，同时它的左边会出现"取消"按钮✗和"输入"按钮✔）、编辑区、展开/折叠和翻页按钮。其结构如图 4-4 所示。

图 4-4　编辑栏

5．工作簿窗口

工作簿是 Excel 2010 用来处理和存储工作数据的文件，其扩展名为.xlsx。一个工作簿由多张工作表组成，默认情况下是 3 张。名称分别为 Sheet1、Sheet2 和 Sheet3，可重命名。用户可以根据需要添加或删除工作表，最多 255 个工作表。工作簿窗口主要由以下几个部分组成。

（1）工作表标签。

（2）工作表。

（3）单元格。

（4）单元格区域。

任务 4.2　工作表基本操作

4.2.1　工作簿的操作

1．新建工作簿

在 Excel 2010 中，创建工作簿的方法有多种，比较常用的有以下 3 种。

（1）快速访问工具栏上单击"新建"按钮，创建一个空白工作簿。

（2）单击"文件"菜单，从弹出的菜单中选择"新建"命令，打开"新建工作簿"对话框，如图 4-5 所示。

图 4-5　新建工作簿

（3）按 Ctrl+N 组合键。

2．保存工作簿

单击标题栏中的"保存"按钮，或"文件"菜单中的"保存"命令可以实现保存操作，在工作过程中要注意随时保存工作的成果。

在"文件"选项卡中还有一个"另存为"选项。但有时希望把当前的工作做一个备份，或者不想改动当前的文件，要把所做的修改保存在另外的文件中，这时就要用到"另存为"选项了。选择"文件"菜单中的"另存为"命令，弹出"另存为"对话框，如图 4-6 所示。

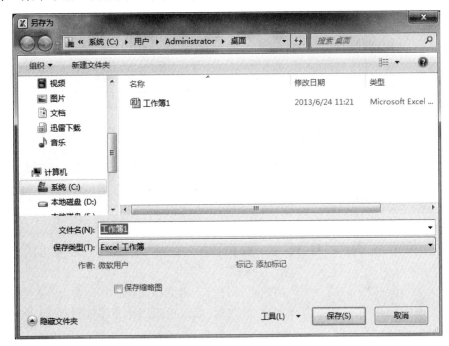

图 4-6　"另存为"对话框

这个对话框与前面见到的一般的保存对话框是相同的，同样如果想把文件保存到某个文件夹中，单击"保存位置"下拉列表框，从中选择相应的目录，进入对应的文件夹，在"文件名"中输入文件名，单击"保存"按钮，这个文件就保存到指定的文件夹中了。

Excel 2010 提供了多层保护来控制可访问和更改 Excel 2010 数据的用户，其中最高的一层是文件级安全性。文件级的安全性又可分为以下 3 个层次。

（1）给文件加保护口令

具体操作步骤为：选择"文件"中的"另存为"命令，弹出"另存为"对话框，单击"工具"按钮，在弹出的菜单中选择"常规选项"选项，如图 4-7 所示。

在"常规选项"对话框中，这里密码级别有两种，一种是打开时需要的密码，另一种是修改时需要的密码，在对话框的"打开权限密码"输入框中输入口令，然后单击"确定"按钮。在确认密码对话框中再输入一遍刚才输入的口令，然后单击"确定"按钮。最后返回单击"另存为"对话框中的"确定"按钮即可，如图 4-8 所示。

这样，以后每次打开或存取工作簿时，都必须先输入该口令。一般说来，这种保护口令适用于需要最高级安全性的工作簿。口令最多能包括 15 个字符，可以使用特殊字符，并且区分大小写。

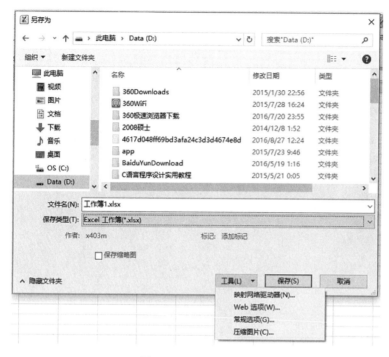

图 4-7　"工具"按钮

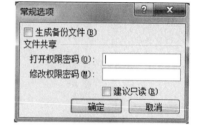

图 4-8　"常规选项"对话框

（2）修改权限口令

具体操作步骤与"给文件加保护口令"基本一样，并在"常规选项"对话框的"修改权限密码"输入框中输入口令，然后单击"确定"按钮。

这样，在不了解该口令的情况下，用户可以打开、浏览和操作工作簿，但不能存储该工作簿，从而达到保护工作簿的目的。和文件保存口令一样，修改权限口令最多能包括 15 个字符，可以使用特殊字符，并且区分大小写。

（3）只读方式保存和备份文件的生成。

以只读方式保存工作簿就可以实现以下目的：当多数人同时使用某一工作簿时，如果有人需要改变内容，那么其他用户应该以只读方式打开该工作簿；当工作簿需要定期维护，而不需要做经常性的修改时，将工作簿设置成只读方式，可以防止无意中修改工作簿。

可在"常规选项"对话框中选中"生成备份文件"复选框，那么用户每次存储该工作簿时，Excel 2010 将创建一个备份文件。备份文件和源文件在同一目录下，且文件名一样，扩展名为.XLK。这样当由于操作失误造成源文件毁坏时，就可以利用备份文件来恢复。

保护工作簿可防止用户添加或删除工作表，或是显示隐藏的工作表。同时还可防止用户更改已设置的工作簿显示窗口的大小或位置。这些保护可应用于整个工作簿。

具体操作步骤为：选择"审阅"选项卡中的"保护工作簿"命令，弹出"保护结构和窗口"对话框，根据实际需要选中"结构"或"窗口"复选框。若需要口令，则在对话框的"密码（可选）"输入框中输入口令，并在"确认密码"对话框中再输入一遍刚才输入的口令，然后单击"确定"按钮，如图 4-9 所示。口令最多可包含 255 个字符，并且可有特殊字符，区分大小写。

图 4-9　"保护结构和窗口"对话框

3．打开工作簿

如果要编辑系统中已存在的工作簿，首先要将其打开，打开工作簿的方法有以下 3 种。

（1）单击"文件"菜单中的"打开"命令。

（2）单击工具栏上的"打开"按钮 📂。

（3）按 Ctrl+O 组合键。

打开工作簿的具体操作步骤如下。

（1）执行上面任意方法，打开"打开"对话框，如图 4-10 所示。

（2）在"查找范围"文本框中选择文件所在的磁盘。

（3）在打开的磁盘中双击文件，或选定文件后，单击"确定"按钮，即可打开文件。

图 4-10　"打开"对话框

4．关闭工作簿

在对工作簿中的工作表编辑完成以后，可以将工作簿关闭。如果工作簿经过了修改还没有保存，那么 Excel 2010 在关闭工作簿之前会提示是否保存现有的修改，如图 4-11 所示。在 Excel 2010 中，关闭工作簿主要有以下几种方法：

图 4-11　保存提示对话框

（1）单击 Excel 2010 窗口右上角的"关闭"按钮。

（2）双击 Excel 2010 窗口左上角的控制菜单图标 🅧。

（3）单击 Excel 2010 窗口左上角的控制菜单图标 🅧，再从弹出的菜单中选择"关闭"命令。

（4）按 Alt+F4 组合键。

4.2.2 工作表的操作

1. 工作表之间的切换

一本工作簿具有多张工作表，不能同时显示在一个屏幕上，所以要不断地在工作表中切换，来完成不同的工作。例如，第一张表格是学生信息表，第二张表格则是学生课程表，第三张表格是学生成绩表，第四张表格是考试情况分析表等。

在中文 Excel 2010 中可以利用工作表选项卡快速地在不同的工作表之间切换。在切换过程中，如果该工作表的名称在选项卡中，可以在该选项卡上单击鼠标，即可切换到该工作表中。如果要切换到该张工作簿的前一张工作表，也可以按下 Ctrl＋PgUp 组合键或者单击该工作表的选项卡；如果要切换到该张工作表的后一张工作，也可以按下 Ctrl＋PgDn 组合键或者单击该工作表的选项卡（又称工作表标签）。如果要切换的工作表选项卡没有显示在当前的表格选项卡中，可以通过滚动按钮来进行切换。

滚动按钮是一个非常方便的切换工具。单击它可以快速切换到第一张工作表或者最后一张工作表。也可以改变选项卡分割条的位置，以便显示更多的工作表选项卡等。

2. 新建与重命名工作表

（1）新建工作表。

有时一个工作簿中可能需要更多的工作表，这时用户就可以直接插入来新建工作表。用户可以插入一个工作表，也可以插入多个工作表。

插入工作表的具体操作步骤为：在"开始"选项卡中选择"插入"→"插入工作表"命令，系统会自动插入工作表，其名称依次为 Sheet4，Sheet5……

此外，用户也可以利用快捷菜单插入工作表，具体操作步骤为：在工作表标签上右击，打开一个快捷菜单，如图 4-12 所示。

另外，也可以通过工作表选项卡后方的快捷按钮   进行插入，快捷键为 Shift+F11，系统将自动插入工作表，并按顺序对其命名。

（2）重命名工作表。

为了使工作表看其名，识其意，让别人看到表名就知道存放哪种类型的数据，用户可以为工作表重新命名。

将系统默认的名称 Sheet1 名称更名为"学生成绩表"，其操作步骤如下。

①选定 Sheet1 工作表标签。

图 4-12　工作表标签快捷菜单

②选择"开始"→"格式"→"重命名工作表"命令，这时工作表名称以高亮度显示，直接输入名称，即可更改工作表名，如图 4-13 所示。

图 4-13　更改工作表名称

重命名常用的操作方法还有以下两种。

①在工作表标签上右击，选择"重命名"命令。

②双击工作表标签，直接输入新名称。

3．移动、复制和删除工作表

移动、复制和删除工作表在 Excel 2010 中的应用相当广泛，用户可以在同一个工作簿上移动或复制工作表，也可以将工作表移动到另一个工作簿中。在移动或复制工作表时要特别注意，因为工作表移动后与其相关的计算结果或图表可能会受到影响。

将工作簿 1 中的 Sheet1 移动复制到工作簿 2 中的操作步骤如下。

（1）打开工作簿 1 和工作簿 2 窗口。

（2）切换至工作簿 1，选定 Sheet1 工作表。

（3）选择"开始"→"格式"→"移动或复制工作表"命令，打开"移动或复制工作表"对话框；也可以在 Sheet1 工作表标签上右击，在弹出的窗口中选择"移动或复制"命令，如图 4-14 所示。

（4）单击"工作簿"右端的向下三角按钮，选择工作簿 2，然后再选择指定位置，如果选择 Sheet1 工作表，那么工作表将移动或复制到 Sheet1 前面，如图 4-15 所示。

（5）如果要复制工作表，而不移动，则选中"建立副本"复选框。

（6）单击"确定"按钮，Sheet1 被移动到 Book2 中，被命名为 Sheet1（2），如图 4-16 所示。

图 4-14　工作表标签快捷菜单　　　　　　图 4-15　"移动或复制工作表"对话框

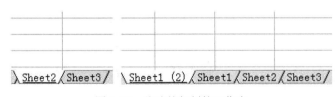

图 4-16　移动并复制的工作表

删除工作表的具体操作步骤如下。

（1）选定一个或多个工作表（不连续选择长按 Ctrl 键，然后单击工作表名称；连续选择长按 Shift 键，然后单击首尾工作表名称）。

（2）选择"开始"→"删除"→"删除工作表"命令，出现如图 4-17 所示的对话框。

图 4-17　删除工作表

（3）单击"确定"按钮。

用户也可以右击工作表标签，再选择快捷菜单上的"删除"命令来删除工作表。

4．工作表的拆分与冻结

如果要查看工作表中相隔较远的内容，来回拖动鼠标很是麻烦。可以用多窗口来进行比较，工作表的拆分步骤如下。

（1）选择要拆分的工作表。

（2）单击"视图"中的拆分图标 ，Excel 2010 便以选定的单元格为中心自动拆分成 4 个窗口，效果如图 4-18 所示。

图 4-18　工作表拆分

如果窗口已冻结，将在冻结处拆分窗口。另外，当窗口未冻结时，还可以用下面的方法将 Excel 2010 窗口拆分成上下或左右并列的两个窗口。操作方法为：将鼠标指针放到位于水平滚动条右侧或垂直滚动条上方的拆分框上，当鼠标指针变成双箭头形状时，按住鼠标左键将其拖动到表格中即可。

要取消拆分窗口，双击拆分条或者再次单击"视图"中的拆分图标 。

工作表的冻结主要应用于数据量大的工作表，当工作表较大时，向下或向右滚动浏览时将无法在窗口中显示前几行或前几列，使用"冻结"功能可以始终显示表的前几行或前几列。

冻结第一行（列）的方法为：选定第二行（列），选择"视图"选项卡"窗口"组中的"冻结窗格"命令，在弹出的菜单中选择"冻结拆分窗口"选项。

冻结前两行（列）的方法为：选定第三行（列），选择"视图"选项卡"窗口"组中的"冻结窗格"命令，在弹出的菜单中选择"冻结拆分窗口"选项，以此类推。

单击"视图"选项卡"窗口"组内的操作可取消冻结。

4.2.3　输入数据操作

1. 基本数据输入

当用户选定某个单元格后，即可在该单元格内输入内容。在 Excel 2010 中，用户可以输入数字、文本、日期和时间和逻辑值等。可以通过自己手动输入，也可以根据设置自动输入。

（1）数字。

在 Excel 2010 中，数值型数据使用得最多，它由数字 0～9、正号、负号、小数点、顿号、分数号"/"、百分号"%"、指数符号"E"或"e"、货币符号"¥"或"$"、千位分隔号"，"等组成。输入数值型数据时，Excel 2010 自动将其与单元格右边对齐。

如果输入的是分数（如 1/5），应先输入"0"和一个空格，然后输入"1/5"。否则 Excel 2010 会把该数据当作日期格式处理，存储为"1 月 5 日"；此外负数的输入有两种方式，一是直接输入负号和数，如输入"-5"；二是输入括号和数，如输入"（5）"，最终两者效果相同；输入百分数时，先输入数字，再输入百分号即可。

当用户输入的数值过多而超出单元格宽时，会产生两种结果，当单元格格式为默认的常规格式时会自动采用科学记数法来显示；若列宽已被规定，输入的数据无法完整显示时，则显示为"####"，如图 4-19 所示中的 A1 和 A2 单元格。用户可以通过调整列宽使之完整显示。

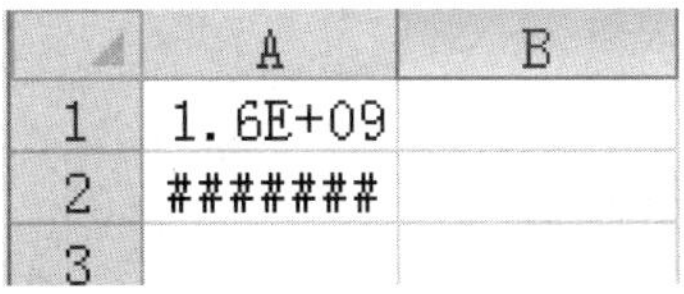

（2）文本。

文本型数据是由字母、汉字和其他字符开头的数据，如表格中的标题、名称等。默认情况下，文本型数据与单元格左边对齐。

如果数据全部由数字组成且一般不进行四则运算，如身份证号、快递号、电话号码、学号等，输入时应在数据前输入单引号"'"（如"'201600503201"），Excel 2010 就会将其看作文本型数据，并与单元格左边对齐。若输入由"0"开头的学号，直接输入时 Excel 2010 会将其视为数值型数据而省略掉"0"并且右对齐，只有加上单引号才能作为文本型数据左对齐并保留下"0"。

图 4-19　输入数值超出单元格时的情况

例如，要在"学号列"输入学号 010001，应输入：'010001，然后将光标定位到 A2 单元格的右下角（填充句柄，此时鼠标指针为实心的十字形状），按住鼠标左键向下拉至结束单元位置处，释放左键，则单元格将按顺序自动正确地填充。

（3）日期和时间。

在 Excel 2010 中，日期的形式有多种，如 2016 年 11 月 26 日的表现形式如下。

● 2016 年 11 月 26 日

● 2016/11/26

● 2016-11-26

● 26-NOV-16

默认情况下，日期和时间项在单元格中右对齐。如果输入的是 Excel 2010 不能识别的日期或时间格式，输入的内容将被视为文字，并在单元格中左对齐。

在 Excel 2010 中，时间分 12 和 24 小时制，如果要基于 12 小时制输入时间，首先在时间后输入一个空格，然后输入 AM 或 PM（也可以输入 A 或 P），用来表示上午或下午。否则，Excel 2010 将以 24 小时制计算时间。例如，如果输入 12:00 而不是 12:00 PM，将被视为 12:00AM。如果要输入当天的日期，按 Ctrl+;（分号）组合键；如果要输入当前的时间，按 Ctrl+Shift+;（分号）组合键。时间和日期还可以相加、相减，并可以包含到其他运算中。如果要在公式中使用日期或时间，可用带引号的文本形式输入日期或时间值。例如，在单元格中输入="2016/11/25"-"2016-10-15" 的差值为 51 天。

（4）逻辑值。

Excel 2010 中的逻辑值只有两个：FALSE（逻辑假）和 TRUE（逻辑真），默认情况下，逻辑值在单元格中居中对齐，另外，Excel 2010 公式中的关系表达式的值也为逻辑值。

2．自动填充

Excel 2010 为用户提供了强大的自动填充数据功能，通过这一功能，用户可以很方便填充数据。自动填充数据是指在一个单元格内输入数据后，与其相邻的单元格可以自动地输入一定规则的数据。它们可以是相同的数据，也可以是一组序列（等差或等比）。自动填充数据的方法有两种：利用菜单命令和鼠标拖动。

（1）通过菜单命令填充数据具体操作步骤如下。

①选定含有数值的单元格。

②选择"开始"选项卡"编辑"组中的"填充"选项，打开如图 4-20 所示的级联子菜单。

③从中选择相应的命令即可。

（2）通过鼠标拖动填充数据的具体操作步骤如下。

用户可以通过拖动的方法来输入相同的数值（在只选定一个单元格的情况下），如果选定了多个单元格并且各单元格的值存在等差或等比的规则，则可以输入一组等差或等比数据。

图 4-20 "填充"级联子菜单

①在单元格中输入数值，如"10"。

②将鼠标放到单元格右下角的实心方块上，鼠标指针变成实心十字形状。

③拖动鼠标，即可在选定范围内的单元格内输入相同的数值。

4.2.4 单元格的操作

工作表的编辑主要是针对单元格、行、列及整个工作表进行的包括撤销、恢复、复制、粘贴、移动、插入、删除、查找和替换等操作。

1．单元格的选取

对单元格进行操作（如移动、删除、复制单元格）时，首先要选定单元格，熟练地掌握选择不同范围内的单元格，可以加快编辑的速度，从而提高效率。选定单元格的方法如下。

（1）选定单个单元格。

选定一个单元格是 Excel 2010 中常见的操作，选定单元格最简便的方法就是用鼠标单击所需编辑的单元格即可。当选定了某个单元格后，该单元格所对应的行列号或名称将会显示在名称框内 _____ B3 _____ fx 。在名称框内的单元格称之为活动单元格，即是当前正在编辑的单元格。

（2）选定整个工作表。

要选定整个工作表，单击行标签及列标签交汇处的“全选”按钮（A 列左侧的空白框）即可，如图 4-21 所示。

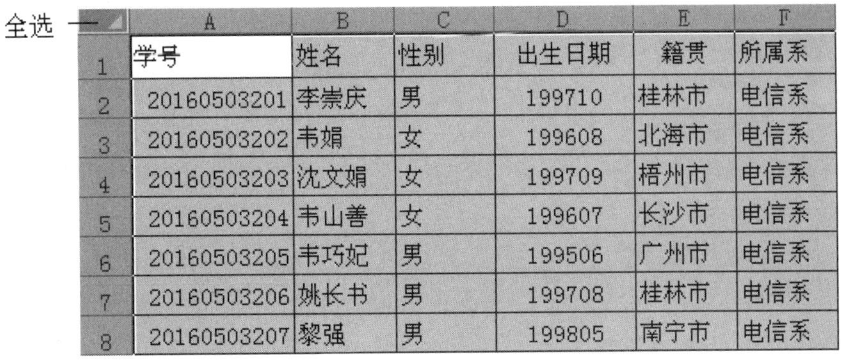

	A	B	C	D	E	F
1	学号	姓名	性别	出生日期	籍贯	所属系
2	20160503201	李崇庆	男	199710	桂林市	电信系
3	20160503202	韦娟	女	199608	北海市	电信系
4	20160503203	沈文娟	女	199709	梧州市	电信系
5	20160503204	韦山善	女	199607	长沙市	电信系
6	20160503205	韦巧妃	男	199506	广州市	电信系
7	20160503206	姚长书	男	199708	桂林市	电信系
8	20160503207	黎强	男	199805	南宁市	电信系

图 4-21　选定整个工作表

（3）选定整行。

选定整行单元格可以通过拖动鼠标来完成，另外还有一种更简单的方法为：单击行首的行标签，如 1 。

（4）选定整列。

选定整列单元格可以通过拖动鼠标来完成，另外也可以单击列首的列标签，如 A 。

（5）选定多个连续的单元格。

如果用户想选定连续的单元格，可通过单击起始单元格，按住鼠标左键不放，然后再将鼠标拖至需连续选定单元格的终点即可，这时所选区域以反白显示。

在 Excel 2010 中，也可通过键盘选择一个范围区域，常用的方法有以下两种。

①名称框输入法。在名称框中输入要选择范围单元格的左上角与右下角的坐标，然后按 Enter 键即可。

②使用 Shift 键。

方法一：定位某行（列）号标号或单元格后，再按住 Shift 键，然后单击后（下）面的行（列）标号或单元格，即可同时选中二者之间的所有行（列）或单元格区域。

方法二：定位某行（列）号标号或单元格后，再按住 Shift 键，然后按键盘上的方向键，即可扩展选择连续的多个行（列）或单元格区域。

（6）选定多个不连续的单元格。

用户不但可以选择连续的单元格，还可以选择间断的单元格。操作方法为：先选定一个单元格，然后按下 Ctrl 键，再选定其他单元格即可。

2. 单元格的编辑

以单元格为对象常用的操作为插入、删除、移动及调整单元格大小等操作。下面具体介绍这几种操作方法。

（1）插入单元格、行、列或工作表。

选定待插入的单元格或单元格区域，选择“开始”→“单元格”命令，单击“插入”按钮，如图 4-22 所示。选择相应的插入方式即可。

（2）删除单元格、行、列和工作表。

选定要删除的行、列或单元格，选择“开始”→“单元格”命令，单击“删除”按钮，如

图 4-23 所示。选择相应的删除方式即可。

图 4-22 "插入"按钮

图 4-23 "删除"按钮

任务 4.3 格式化工作表

4.3.1 单元格格式设置

在 Excel 2010 中，对工作表中的不同单元格数据，可以根据需要设置不同的格式。通过"开始"→"数字"→"设置单元格格式"命令打开"设置单元格格式"对话框，如图 4-24 所示。"设置"单元格格式对话框包含 6 个选项卡，分别如下。

1．"数字"选项卡

Excel 2010 提供了多种数字格式，在对数字格式化时，可以设置不同小数位数、百分号、货币符号等来表示同一个数，这时单元格表现的是格式化后的数字，编辑栏中表现的是系统实际存储的数据。如果要取消数字的格式，可以选择"开始"→"编辑"→"清除格式"命令。

选定需要格式化数字所在的单元格或单元格区域后，右击，在弹出的快捷菜单中选择"设置单元格格式"选项。在"设置单元格格式"对话框的"数字"选项卡上，"分类"列表框中可以看到 11 种内置格式。

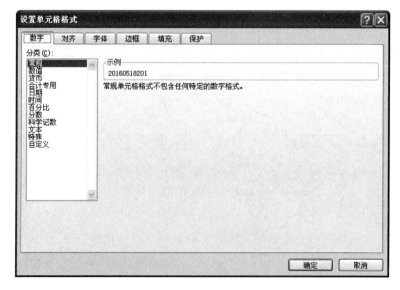

图 4-24 "设置单元格格式"对话框

"常规"数字格式是默认的数字格式。对于大多数情况，在设置为"常规"格式的单元格中所输入的内容可以正常显示。但是，如果单元格的宽度不足以显示整个数字，则"常规"格式将对该数字进行取整，并对较大数字使用科学记数法。

"会计专用""日期""时间""分数""科学记数""文本"和"特殊"等格式的选项则显示在"分类"列表框的右边。

如果内置数字格式不能按需要显示数据，则可使用"自定义"创建自定义数字格式。自定义数字格式使用格式代码来描述数字、日期、时间或文本的显示方式。

2．"对齐"选项卡

系统在默认的情况下，输入单元格的数据是按照文字左对齐、数字右对齐、逻辑值居中对齐的方式来进行的。可以通过有效的设置对齐方法，来使版面更加美观。

在"设置单元格格式"对话框的"对齐"选项卡上，可设定所需对齐方式，如图 4-25 所示。

"水平对齐"的格式有：常规（系统默认的对齐方式）、靠左（缩进）、居中、靠右（缩进）、填充、两端对齐、跨列居中、分散对齐（缩进）。

"垂直对齐"的格式有：靠上、居中、靠下、两端对齐、分散对齐。

"方向"列表框中，可以将选定的单元格内容完成从−90°到+90°的旋转，这样就可将表格内容由水平显示转换为各个角度的显示。

选中"自动换行"复选框，则当单元格中的内容宽度大于列宽时，会自动换行（不是分段）。

提示：若要在单元格内强行分段，可直接按 Alt+Enter 组合键。

"合并单元格"复选框，当需要将选中的连续单元格（一个以上）合并时，选中它；或者在"开始"选项卡"对齐方式"组中单击"合并后居中命令"命令，当需要将选中的合并单元格拆分时，则取消选中。

3．"字体"选项卡

Excel 2010 在默认的情况下，输入的字体为"宋体"，字形为"常规"，字号为"12（磅）"。可以根据需要通过工具栏中的工具按钮很方便地重新设置字体、字形和字号，还可以添加下画线及改变字的颜色。也可以通过菜单方法进行设置。如果需要取消字体的格式，可选择"编辑"→"清除"→"格式"命令。

在"字体"选项卡上，可以更改与字体有关的设置，如图 4-26 所示。

4．"边框"选项卡

工作表中显示的网格线是为输入、编辑方便而预设的（相当于 Word 表格中的虚框），是不打印的。

若需要打印网格线，则可以在"页面设置"对话框的"工作表"选项卡上设定外，还可以在"边框"选项卡上设置。

此外，若需要为了强调工作表的一部分或某一特殊表格部分，可在"边框"选项卡设置设定特殊的网格线，如图 4-27 所示。

该选项卡上设置对象，是被选定单元格的边框。

在该选项卡上，设置单元格边框时，需要注意：

（1）除了边框线外，还可以为单元格添加对角线（用于绘制"斜线表头"等）。

（2）不一定添加四周边框线，可以仅仅为单元格的某一边添加边框线。

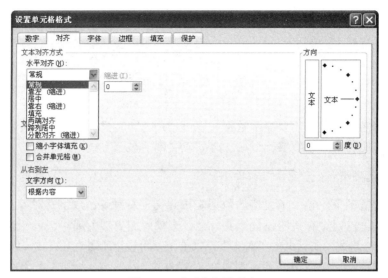

图 4-25　"对齐"选项卡

图 4-26　"对齐"与"字体"选项卡

5. "填充"选项卡

"填充"选项卡，用于设置单元的背景颜色和底纹，如图 4-28 所示。

6. 单元格格式化的其他方法

（1）用选项卡命令格式化数字。

选中包含数字的单元格，如 12345.67 后，在"开始"选项卡中选择"样式"→"单元格样式"命令，弹出"单元格样式对话框"如图 4-29 所示，单击数字格式中的"百分比""货币""货币[0]""千位分隔""千位分隔[0]"等按钮，可以设置数字格式。其中"货币[0]"格式等同于"货币"格式保留到整数位；其中"千位分隔[0]"格式等同于"千位分隔"格式保留到整数位。

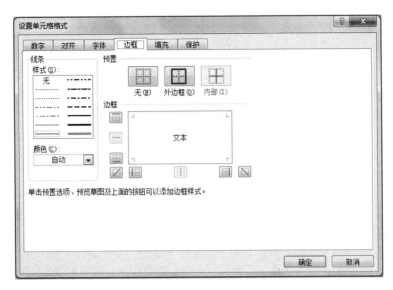

图 4-27　"边框"选项卡

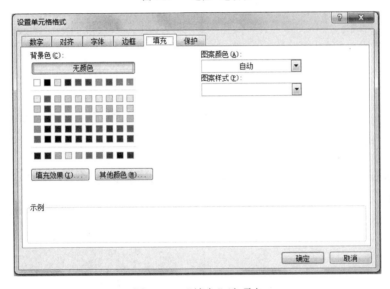

图 4-28　"填充"选项卡

（2）利用选项卡命令格式化文字。

选定需要进行格式化的单元格后，选择"开始"选项卡"字体"组中的加粗、倾斜、下画线等按钮，或在字体、字号框中选定所需的字体、字号。

（3）利用选项卡命令设置对齐方式。

选定需要格式化的单元格后，单击"开始"选项卡"对齐方式"命令中的顶端对齐、垂直居中、底端对齐、文本左对齐、居中、文本右对齐、合并后居中、减少缩进量、增加缩进量、自动换行、方向等按钮即可。

（4）利用选项卡命令设置边框与底纹。

选择所要添加边框的各个单元格或所有单元格区域，单击"开始"选项卡"字体"组中的边框或填充颜色按钮右边的下拉按钮，然后在弹出的下拉菜单中选中所需的格线或背景填充色即可。

（5）复制格式。

当格式化表格时，往往有些操作是重复的，这时可以使用 Excel 2010 提供的复制格式的方法来提高格式化的效率。

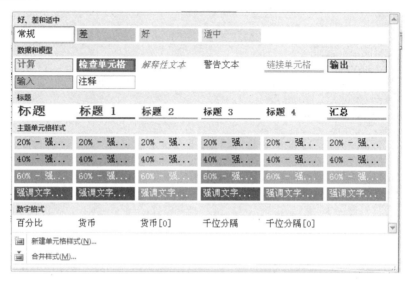

图 4-29 "单元格样式"对话框

（6）用工具栏按钮复制格式。

选中需要复制的源单元格后，单击工具栏上的"格式刷"按钮 ✍（这时所选择单元格出现闪动的虚线框），然后用带有格式刷的光标，选择目标单元格即可。

（7）用菜单的方法复制格式。

选中需要复制格式的源单元格后，选择"开始"选项卡"剪贴板"组中的"复制"命令（这时所选单元格出现闪动的虚线框）；选中目标单元格后，单击"开始"选项卡"剪贴板"组中的"粘贴"命令下三角按钮，选择"选择性粘贴"选项，然后在弹出的"选择性粘贴"对话框中，设定需要复制的项目如图 4-30 所示。

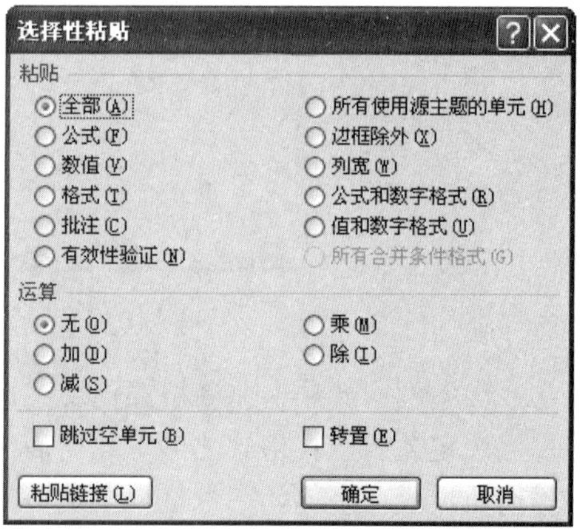

4.3.2 设置列宽和行高

Excel 2010 中设置行高和列宽的方法如下。

（1）拖拉法：将鼠标指针移到行（列）标题的交界处，呈双向拖拉箭头状时，按住左键向右（下）或向左（上）拖拉，即可调整行（列）宽（高）。

图 4-30 "选择性粘贴"对话框

（2）双击法：将鼠标指针移到行（列）标题的交界处，双击，即可快速将行（列）的行高（列宽）调整为"最合适的行高（列宽）"。

（3）设置法：选中需要设置行高（列宽）的行（列），单击"开始"选项卡"格式"命令下三角按钮，弹出"单元格大小"菜单，如图 4-31 所示，选择"行高（列宽）"选项，在弹出的"行高"对话框中输入一个合适的数值（如图 4-3-6 所示），单击"确定"按钮返回即可。

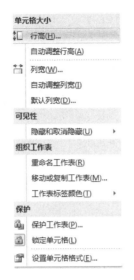

图 4-31　"单元格大小"菜单　　　　　　　　图 4-32　"行高"对话框

（4）设置统一的列宽或行高。

要调整整个工作表列宽或行高，单击左上角的"全选"按钮，拖动某列或某行线，即可改变整个工作表的列宽或行高，形成全部一样的列宽或行高。

4.3.3　设置条件格式

条件格式是指当指定条件为真时，Excel 2010 自动应用于单元格的格式。例如，单元格底纹或字体颜色。如果想为某些符合条件的单元格应用某种特殊格式，使用条件格式功能可以比较容易实现。如果再结合使用公式，条件格式就会变得更加有用。

如想在一个学生成绩表中突出显示数学成绩不及格的学生，操作步骤如下。

选定 I2：I22 单元格区域，选择"开始"→"样式"→"条件格式"下三角按钮，选择突出显示单元格规则中的"小于"按钮，如图 4-33 所示，出现"小于"对话框，如图 4-34 所示，在对话框中输入小于"60"，样式设置为"浅红填充色深红色文本"。

实现后的工作表如图 4-35 所示。

图 4-33　"条件格式"设置　　　　　　　　图 4-34　"小于"对话框

20160503201	姓名	性别	出生日期	籍贯	所属系	专业	大学英语	数学
20160503202	李崇庆	男	199710	桂林市	电信系	移动终端	70	85
20160503203	韦娟	女	199608	北海市	电信系	移动终端	85	75
20160503204	沈文娟	女	199709	梧州市	电信系	移动终端	90	85
20160503205	韦山善	女	199607	长沙市	电信系	移动终端	67	65
20160503206	韦巧妃	男	199506	广州市	电信系	移动终端	68	77
20160503207	姚长书	男	199708	桂林市	电信系	移动终端	87	56
20160501201	黎强	男	199805	南宁市	电信系	移动终端	66	75
20160518202	农志宏	男	199710	桂林市	电信系	计算机软件	56	78
20160518203	黄照来	女	199608	北海市	电信系	移动终端	88	80
20160518204	蓝海	女	199709	梧州市	电信系	移动终端	85	83
20160518205	梁立成	女	199607	长沙市	电信系	移动终端	78	68
20160501206	胡凯有	男	199506	广州市	电信系	数字媒体	87	88

图 4-35　"条件格式"效果

条件格式功能将学生总成绩根据要求以指定颜色与背景图案显示。这种格式是动态的，如果改变总成绩的分数，格式会自动调整。

若要清除条件格式效果，只需在选定单元格后选择"开始"→"样式"→"条件格式"下三角按钮，选择"清除规则"中的"清除所选单元格的规则"命令。

4.3.4　使用样式

样式是单元格字体、字号、对齐、边框和图案等一个或多个设置特性的组合，将这样的组合加以命名和保存供用户使用。

样式包括内置样式和自定义样式。内置样式为 Excel 2010 内部定义的样式，用户可以直接使用，包括常规、货币和百分数等；自定义样式是用户根据需要自定义的组合设置，需定义样式名。样式设置是利用"开始"选项卡中的"样式"命令组完成的。

以学生成绩表进行样式设置如下。

（1）选定 A1：K1 单元格区域，单击"开始"选项卡"样式"组中的"单元格样式"命令，选择"新建单元格样式"选项，弹出"样式"对话框。

（2）输入名称"列标题"，单击"格式"按钮，弹出"设置单元格格式"对话框。

（3）设置"数字"为常规格式，"对齐"为水平居中和垂直居中，"字体"为"华文彩云"字号"11"，"边框"为左右上下边框，"图案颜色"为标准色浅绿色。

（4）设置好的效果如图 4-36 所示。

	A	B	C	D	E	F	G	H	I	J	K
1	学号	姓名	性别	出生日期	籍贯	所属系	专业	大学英语	数学	毛概	计算机应用
2	20160503201	李崇庆	男	1997-10-8	桂林市	电信系	移动终端	70	85	87	88
3	20160503202	韦娟	女	1996-8-1	北海市	电信系	移动终端	85	75	82	83
4	20160503203	沈文娟	女	1997-9-2	梧州市	电信系	移动终端	90	85	92	96
5	20160503204	韦山善	女	1996-7-7	长沙市	电信系	移动终端	67	65	74	80
6	20160503205	韦巧妃	男	1995-6-12	广州市	电信系	移动终端	68	77	80	75
7	20160503206	姚长书	男	1997-8-10	桂林市	电信系	移动终端	87	56	67	77
8	20160503207	黎强	男	1998-5-7	南宁市	电信系	移动终端	66	75	85	78
9	20160501201	农志宏	男	1997-10-17	桂林市	电信系	计算机软件	56	78	75	76
10	20160518202	黄照来	女	1996-8-20	北海市	电信系	移动终端	88	80	87	89

图 4-36　设置"列标题"后的效果

4.3.5　自动套用格式

Excel 2010 通过"自动套用格式"功能向用户提供了简单、古典、会计序列和三维效果等格式。每种格式集合都包括有不同的字体、字号、数字、图案、边框、对齐方式、行高、列宽等设置项目，完全可以满足人们在各种不同条件下设置工作表格式的要求。

"套用表格格式"命令位于"开始"选项卡"样式"组中，如图 4-37 所示。

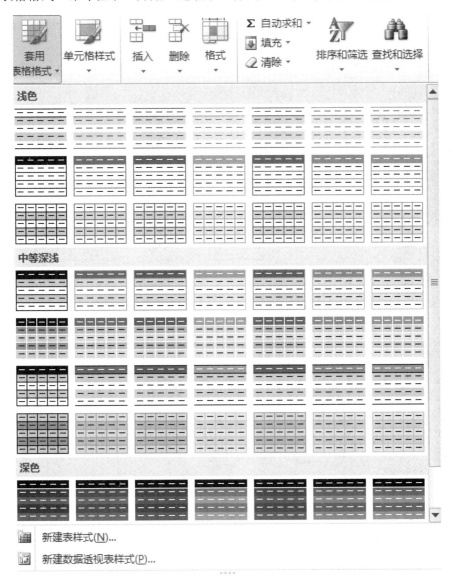

图 4-37　"自动套用格式"对话框

4.3.6　使用模板

模板是含有特定格式的工作簿，其工作表结构也已经设置。若某工作簿文件的格式以后要经常使用，为了避免每次重复设置格式，可以把工作簿的格式做成模板并储存，以后每当要建立与之相同格式的工作簿时，直接调用该模板，可以快速建立所需的工作簿文件。Excel 2010 已经提供了一些基础模板，用户可以直接使用，也可以自己创建个性化模板。

用户可以使用样本模板创建工作簿，操作方法如下。

选择"文件"→"新建"命令，在右侧的"新建"窗口中选择"样本模板"选项，选择所需的模板即可完成创建。

任务 4.4　单元格处理

4.4.1　自动计算

利用"公式"选项卡下的自动求和命令 **Σ** 或在状态栏上右击，无须公式即可自动计算一组数据的累加和、平均值、统计个数、求最大值和求最小值等。

根据学生成绩表基础数据计算每一名学生的总分。

（1）选定 H2：K2 单元格区域（提示：表格列的内容过多，可隐藏暂时不需要的列内容：按住 Ctrl 键，单击需要隐藏列的列号，然后执行"开始"→"单元格"→"格式"→"隐藏和取消隐藏"命令，如图所示 4-38 所示）。

图 4-38　"学生成绩表"隐藏后

（2）单击"公式"下的 **Σ** 图标右侧的下三角按钮，选择"求和"命令，计算结果显示在 L2 单元格，如图 4-39 所示。

图 4-39　"学生成绩表"求总分 1

（3）选定 H2：K22 单元格区域。

（4）单击"公式"下的 **Σ** 图标右侧的下三角按钮，选择"求和"命令，总分列的结果即可求出，如图 4-40 所示。

	A	B	H	I	J	K	L
1	学号	姓名	大学英语	数学	毛概	计算机应用	总分
2	20160503201	李崇庆	70	85	87	88	330
3	20160503202	韦娟	85	75	82	83	325
4	20160503203	沈文娟	90	85	92	96	363
5	20160503204	韦山善	67	65	74	80	286
6	20160503205	韦巧妃	68	77	80	75	300
7	20160503206	姚长书	87	56	67	77	287
8	20160503207	黎强	66	75	85	78	304
9	20160501201	农志宏	56	78	75	76	285
10	20160518202	黄照来	88	80	87	89	344

图 4-40　"学生成绩表"求总分 2

（5）选定 M2 单元格。

（6）连续选定 H2：K2，单击"公式"下的 **Σ** 图标右侧的下三角按钮，选择"平均值"命令求出平均分。选定 M2 单元格，鼠标指针移到 M2 单元格右下角，光标变成实体 **+** 形状，往下拖动就可计算余下的平均分，如图 4-41 所示。

M2 =AVERAGE(H2:K2)

	A	B	H	I	J	K	L	M
1	学号	姓名	大学英语	数学	毛概	计算机应用	总分	平均分
2	20160503201	李崇庆	70	85	87	88	330	82.5
3	20160503202	韦娟	85	75	82	83	325	81.25
4	20160503203	沈文娟	90	85	92	96	363	90.75
5	20160503204	韦山善	67	65	74	80	286	71.5
6	20160503205	韦巧妃	68	77	80	75	300	75
7	20160503206	姚长书	87	56	67	77	287	71.75
8	20160503207	黎强	66	75	85	78	304	76
9	20160501201	农志宏	56	78	75	76	285	71.25
10	20160518202	黄照来	88	80	87	89	344	86

图 4-41　"学生成绩表"求平均分

4.4.2　输入公式

1．公示的形式

公示的一般形式为：=<表达式>

表达式可以是算数表达式、关系表达式和字符串表达式等。

2．运算符

运算符分为算术运算符、字符运算符和关系运算符 3 类，表 4-1 按优先级顺序列出了运算符的功能。

表 4-1　运算符优先级

运　算　符	功　能	举　例
-	负号	-6，-B1
%	百分号	5%
^	乘方	6^2（即 6^2）
*,/	乘、除	6*7,12/5
+,-	加、减	7+7,10-2
&	字符串连接	"China" & "2008"（即 China2008）
=,<>	等于，不等于	6=4 的值为假，6<>3 的值为真
>,>=	大于，大于等于	6>4 的值为真，6>=3 的值为真
<,<=	小于，小于等于	6<4 的值为假，6<=3 的值为假

3．公式的输入

选定要放置计算结果的单元格后，公式的输入可以在数据编辑区内进行，也可以双击该单元格在单元格内进行。在数据编辑区输入公式时，单元格地址可以通过键盘输入，也可以直接单击该单元格，单元格地址即自动显示在数据编辑区。例如：在单元格 M2 求学生成绩表的平均分，在数据编辑区输入公式：=AVERAGE（H2:K2）即可。

4.4.3　复制公式

1．公式复制的方法

（1）拖动复制。

操作方法为：选中存放公式的单元格，移动光标至单元格右下角填充句柄。待光标变成小实心 "✚" 字时，按住鼠标左键沿列（对行计算时）或行（对列计算时）拖动，至数据结尾，即可完成公式的复制和计算。

（2）输入复制。

输入复制法是在公式输入结束后立即完成公式的复制。

操作方法为：选中需要使用该公式的所有单元格，用上面介绍的方法输入公式，完成后按住 Ctrl 键并按 Enter 键，该公式就被复制到已选中的所有单元格。

（3）选择性粘贴。

操作方法为：选中存放公式的单元格，单击 Excel 2010 工具栏中的 "复制" 按钮。然后选中需要使用该公式的单元格，在选中区域内右击，在弹出的快捷菜单中选择 "选择性粘贴" 命令。打开 "选择性粘贴" 对话框后选中 "公式" 单选按钮，单击 "确定" 按钮，公式就被复制到已选中的单元格。

2．单元格地址的引用

Excel 2010 单元格的引用包括绝对引用、相对引用和混合引用 3 种。

（1）绝对引用。

单元格中的绝对单元格引用（如 $F$6）总是在指定位置引用单元格 F6。如果公式所在单元格的位置改变，绝对引用的单元格始终保持不变。如果多行或多列地复制公式，绝对引用将不作调整。默认情况下，新公式使用相对引用，需要将它们转换为绝对引用。例如，如果将单元格 B2 中的绝对引用复制到单元格 B3，则在两个单元格中一样，都是$F$6。

（2）相对引用。

公式中的相对单元格引用（如 A1）是基于包含公式和单元格引用的单元格的相对位置。如果公式所在单元格的位置改变，引用也随之改变。如果多行或多列地复制公式，引用会自动调整。默认情况下，新公式使用相对引用。例如，如果将单元格 B2 中的相对引用复制到单元格 B3，将自动从 =A1 调整到 =A2。

（3）混合引用。

混合引用具有绝对列和相对行，或是绝对行和相对列。绝对引用列采用 $A1、$B1 等形式。绝对引用行采用 A$1、B$1 等形式。如果公式所在单元格的位置改变，则相对引用改变，而绝对引用不变。如果多行或多列地复制公式，相对引用自动调整，而绝对引用不作调整。例如，如果将一个混合引用从 A2 复制到 B3，它将从 =A$1 调整到 =B$1。

在 Excel 2010 中输入公式时，只要正确使用 F4 键，就能简单地对单元格的相对引用和绝对引用进行切换。

4.4.4　常用函数

1．常用函数

（1）SUM（参数 1，参数 2，…）：返回数据清单或数据库指定列中，满足给定条件单元格中的数字之和。

（2）AVERAGE（参数 1，参数 2，…）：返回数据库或数据清单中，满足指定条件的列中数值的平均值。

（3）MAX（参数 1，参数 2，…）：返回数据清单或数据库指定列中，满足给定条件单元格中的最大数值。

（4）MIN（参数 1，参数 2，…）：返回数据清单或数据库指定列中，满足给定条件的单元格中的最小数字。

2．统计函数

（1）COUNT（参数 1，参数 2，…）：返回数据库或数据清单的指定字段中，满足给定条件并且包含数字的单元格数目。

（2）COUNTA（参数 1，参数 2，…）：返回数据库或数据清单指定字段中，满足给定条件的非空单元格数目。

（3）COUNTBLANK（参数 1，参数 2，…）：返回数据库或数据清单指定字段中，满足给定条件的空单元格数目。

（4）RANK 函数是排名函数。RANK 函数最常用的是求某一个数值在某一区域内的排名。RANK 函数语法形式为：rank（number,ref,[order]）

3．四舍五入函数 ROUND（数值型函数，n）

返回对"数值型参数"进行四舍五入到第 n 位的近似值。

（1）当 $n>0$ 时，对数据的小数部分从左到右的第 n 位四舍五入。

（2）当 $n=0$ 时，对数据的小数部分最高位四舍五入取数据的整数部分。

（3）当 $n<0$ 时，对数据的整数部分从右到左的第 n 位四舍五入。

4. 条件函数 IF（逻辑表达式，表达式 1，表达式 2）

若"逻辑表达式"值为真，函数值为"表达式 1"的值，否则为"表达式 2"的值。

5. 条件计数 COUNTIF（条件数据区，"条件"）

统计"条件数据区"中满足给定"条件"的单元格数目。

6. 条件求和函数 SUMIF（条件数据区，"条件"，[求和数据区]）

在"条件数据区"查找满足"条件"的单元格，计算满足条件的单元格对应于"求和数据区"中数据的累加和。如果"求和数据区"省略，统计"条件数据区"满足条件的单元格中数据的累加和。

任务 4.5　图表处理

图表是 Excel 2010 比较常用的对象之一。与工作表相比，图表具有十分突出的优势，它具有使用户看起来更清晰、更直观的显著特点：不仅能够直观地表现出数据值，还能更形象地反映出数据的对比关系。图表是以图形的方式来显示工作表中的数据。

图表的类型有多种，分别为柱形图、条形图、折线图、饼图、XY 散点图、面积图、圆环图、雷达图、曲面图、气泡图、股价图等类型。Excel 2010 的默认图表类型为柱形图。

4.5.1　认识图表的组成

图表的基本组成如下。

图表区：整个图表及其包含的元素。

绘图区：在二维图表中，以坐标轴为界并包含全部数据系列的区域。在三维图表中，绘图区以坐标轴为界并包含数据系列、分类名称、刻度线和坐标轴标题。

图表标题：一般情况下，一个图表应该有一个文本标题，它可以自动与坐标轴对齐或在图表顶端居中。

数据分类：图表上的一组相关数据点，取自工作表的一行或一列。图表中的每个数据系列以不同的颜色和图案加以区别，在同一图表上可以绘制一个以上的数据系列。

数据标记：图表中的条形面积圆点扇形或其他类似符号，来自于工作表单元格的单一数据点或数值。图表中所有相关的数据标记构成了数据系列。

数据标志：根据不同的图表类型，数据标志可以表示数值、数据系列名称、百分比等。

坐标轴：为图表提供计量和比较的参考线，一般包括 X 轴、Y 轴。

刻度线：坐标轴上的短度量线，用于区分图表上的数据分类数值或数据系列。

网格线：图表中从坐标轴刻度线延伸开来并贯穿整个绘图区的可选线条系列。

图例：是图例项和图例项标示的方框，用于标示图表中的数据系列。

图例项标示：图例中用于标示图表上相应数据系列的图案和颜色的方框。

背景墙及基底：三维图表中包含在三维图形周围的区域。用于显示维度和边角尺寸。

数据表：在图表下面的网格中显示每个数据系列的值。

4.5.2　创建图表

利用学生成绩表创建如图 4-42 所示的图表，可以使用"插入"→"图表"选项，学生成绩图表，选取 B1：B10 和 H1：K10 单元格区域数据建立"簇状柱形图"。具体操作步骤如下。

（1）选定要创建图表的数据区域 B1：B10 和 H1：K10 区域。

（2）单击"插入"选项卡"图表"组中的"柱形图"下三角按钮，选择"二维柱形图"→"簇状圆柱图"选项，图表将自动显示于工作表内，如图 4-42 所示。

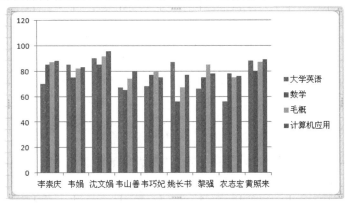

图 4-42　学生成绩图表

（3）此时，功能区出现"图表工具"选项卡，如图 4-43 所示，选择"设计"选项卡中的"图表样式"组可以改变图表图形颜色。选择"设计"选项卡下的"图表布局"组可以改变图表布局。

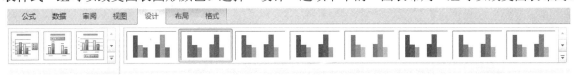

图 4-43　"设计"选项卡

（4）单击学生成绩图表，单击"布局"选项卡中的"标签"组，使用"图表标题"和"图例"可以分别设置标题和图例位置。给图表添加标题"学生成绩情况"

（5）调整工作表大小，拖动位置，使其显示在 A23：M36 位置（部分内容已隐藏），如图 4-44 所示。

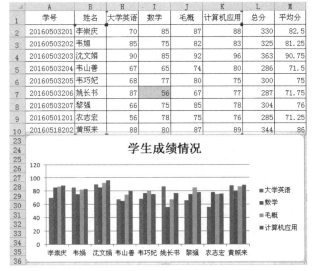

图 4-44　插入图表后的工作表

建立独立图表可在选定数据区域后按 F11 键即可。

4.5.3 图表编辑

图表生成后，可以对其进行编辑，如制作图表标题、向图表中添加文本、设置图表选项、删除数据系列、移动和复制图表等。

选中要修改的图表后，会在功能区出现"图表工具"选项卡，其中包括"设计""布局""格式"选项卡，利用其中的命令可以修改或编辑已生成的图表，或者选中图表后右击，利用弹出的快捷菜单对图表进行编辑和修改，如图 4-45 所示。

图 4-45 修改图表菜单

1．修改图表类型

右击图表绘图区，在弹出的快捷菜单中选择"更改图表类型"命令，弹出"更改图表类型"对话框，在此对话框中可选择相应的图表类型进行修改，如图 4-46 所示。

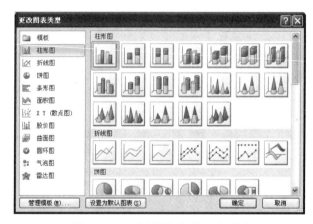

图 4-46 "更改图表类型"对话框

2．改变图表大小

在图表上的任意位置单击，都可以激活图表。要想改变图表大小，在图表的绘图区边框上单击，就会显示出控制柄，将鼠标指针移到控制柄附近，鼠标指针变成双箭头形状，这时按下鼠标左键并拖动就可以改变图表的大小，如图 4-47 所示。

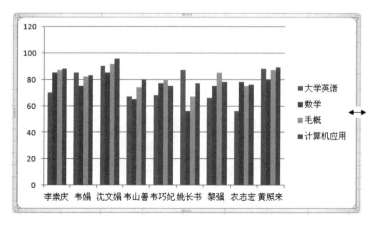

图 4-47 改变图表大小

3．移动和复制图表

要移动图表的位置，只需在图表范围内，在任意空白位置按下鼠标左键并拖动，就可以移动图表，在鼠标拖动过程中，如果按住 Ctrl 键拖动图表时，可以将图表复制。利用右击图表弹出的快捷菜单"剪切"和"复制"命令也能实现移动和复制图表。

4．更改图表中的数据

在已完成的图表中，对工作表中的源数据进行修改，图表中的信息也会随之变化。

如果希望在已制作好的图表中增加或删除部分数据，如在学生成绩情况图表中，只想保留"大学英语"列的数据，具体操作步骤如下。

右击图表绘图区或者选择"图表工具"→"设计"→"选择数据"选项，在弹出的菜单中选择"选择数据"命令，在弹出的"选择数据源"对话框中重新选择数据源区域，如图 4-48 所示。

图 4-48　删除数据

更新后的图表如图 4-49 所示。

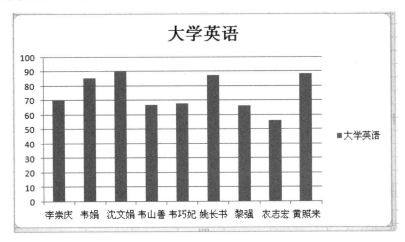

图 4-49　更新后的图表

增加图表中的源数据同样在"选择数据源"对话框中完成，只需在图标上增加所需的图表序列即可。

4.5.4 图表的修饰

图表建立完成后一般要对图表进行一系列修饰，使其更加清楚、美观。利用"图表选项"对话框可以对图表的网格线、数据表、数据标志等进行编辑和设置。此外，还可以对图表进行修饰，包括设置图表的颜色、图案、线形、填充效果、边框和图片等。还可以对图表中的图表区、绘图区、坐标轴、背景墙和基底等进行设置。

任务 4.6 Excel 2010 高级操作

Excel 2010 允许采用数据库的管理方式对以数据清单形式存放的工作表进行各种排序、筛选、分类汇总、统计和建立数据透视表等操作。

数据清单是指包含一组相关数据的一系列工作表数据行。数据清单由标题行（表头）和数据部分组成。数据清单中的行相当于数据库中的记录，行标题相当于记录名；数据清单中的列相当于数据库中的字段，列标题相当于字段名，如图 4-50 所示。

	A	B	C	D	E	F	G	H	I	J	K
1	学号	姓名	性别	出生日期	籍贯	所属系	专业	大学英语	数学	毛概	计算机应用
2	20160503201	李崇庆	男	1997-10-8	桂林市	电信系	移动终端	70	85	87	88
3	20160503202	韦娟	女	1996-8-1	北海市	电信系	移动终端	85	75	82	83
4	20160503203	沈文娟	女	1997-9-2	梧州市	电信系	移动终端	90	85	92	96
5	20160503204	韦山善	女	1996-7-7	长沙市	电信系	移动终端	67	65	74	80
6	20160503205	韦巧妃	男	1995-6-12	广州市	电信系	移动终端	68	77	80	75
7	20160503206	姚长书	男	1997-8-10	桂林市	电信系	移动终端	87	56	67	77
8	20160503207	黎强	男	1998-5-7	南宁市	电信系	移动终端	66	75	85	78
9	20160501201	农志宏	男	1997-10-17	桂林市	电信系	计算机软件	56	78	75	76
10	20160518202	黄照来	女	1996-8-20	北海市	电信系	移动终端	88	80	87	89
11	20160518203	蓝海	女	1997-9-11	梧州市	电信系	移动终端	85	83	84	70
12	20160518204	梁立成	女	1996-7-12	长沙市	电信系	移动终端	78	68	74	75
13	20160518205	胡凯有	男	1995-6-19	广州市	电信系	数字媒体	87	88	85	75
14	20160501206	覃志勇	男	1997-8-14	桂林市	电信系	计算机软件	88	78	90	90
15	20160501207	梁清华	男	1998-5-7	南宁市	电信系	数字媒体	86	87	85	87
16	20160501211	王宇	男	1997-10-2	桂林市	电信系	计算机软件	82	80	76	88
17	20160518202	邱海敏	女	1996-8-9	北海市	电信系	数字媒体	90	87	88	90
18	20160518203	钟山	女	1997-9-18	梧州市	电信系	数字媒体	87	85	88	90
19	20160518204	陈世荣	女	1996-7-21	长沙市	电信系	数字媒体	85	80	78	88
20	20160501205	陈志喜	男	1995-6-25	广州市	电信系	计算机软件	78	75	80	85

图 4-50　电信系学生成绩单

4.6.1 数据的排序

对学生成绩根据总分进行升序或降序排列，可以有以下几种方法。

1. 利用命令按钮进行升序或降序排序

使用"数据"选项卡中的"排序和筛选"命令组可以对清单中的数据进行升序或降序排列。操作步骤如下。

（1）选定数据清单的 L2 单元格。

（2）单击"数据"选项卡"排序和筛选"组中的"降序排列"按钮，即可完成降序排序，如图 4-51 所示。

此方法只能按照一个关键字进行排序。

	A	B	C	D	E	F	G	H	I	J	K	L
1	学号	姓名	性别	出生日期	籍贯	所属系	专业	大学英语	数学	毛概	计算机应用	总分
2	20160503203	沈文娟	女	1997-9-2	梧州市	电信系	移动终端	90	85	92	96	363
3	20160518202	邱海敏	女	1996-8-9	北海市	电信系	数字媒体	90	87	88	90	355
4	20160518203	钟山	女	1997-9-18	梧州市	电信系	数字媒体	87	85	88	90	350
5	20160501206	覃志勇	男	1997-8-14	桂林市	电信系	计算机软件	88	78	90	90	346
6	20160501207	梁清华	男	1998-5-7	南宁市	电信系	数字媒体	86	87	85	87	345
7	20160518202	黄照来	女	1996-8-20	北海市	电信系	移动终端	88	80	87	89	344
8	20160518205	胡凯有	男	1995-6-19	广州市	电信系	数字媒体	87	88	85	75	335
9	20160518204	陈世荣	女	1996-7-21	长沙市	电信系	数字媒体	85	80	78	88	331
10	20160503201	李崇庆	男	1997-10-8	桂林市	电信系	移动终端	70	85	87	88	330
11	20160501207	岳陆	男	1998-5-14	南宁市	电信系	计算机软件	90	70	78	90	328
12	20160501211	王宇	男	1997-10-2	桂林市	电信系	计算机软件	82	80	76	88	326
13	20160503202	韦娟	女	1996-8-1	北海市	电信系	移动终端	85	75	82	83	325
14	20160518203	蓝海	女	1997-9-11	梧州市	电信系	移动终端	85	83	84	70	322
15	20160501205	陈志喜	男	1995-6-25	广州市	电信系	计算机软件	78	75	80	85	318
16	20160518206	高占玉	男	1997-8-7	桂林市	电信系	数字媒体	58	85	88	78	309
17	20160503207	黎强	男	1998-5-7	南宁市	电信系	移动终端	66	75	85	78	304
18	20160503205	韦巧妃	男	1995-6-12	广州市	电信系	移动终端	68	77	80	75	300
19	20160518204	梁立成	女	1996-7-12	长沙市	电信系	移动终端	78	68	74	75	295
20	20160503206	姚长书	男	1997-8-10	桂林市	电信系	移动终端	87	56	67	77	287

图 4-51　按"总成绩"降序排列后的数据清单

2. 利用"排序"命令进行排序

利用"数据"选项卡"排序与筛选"组中的"排序"命令可以进行更多关键字排序。

在本例中增加"专业"为次要关键字进行升序排列，操作方法如下。

（1）选定数据清单区域，选择"数据"选项卡"排序与筛选"组中的"排序"命令，出现"排序"对话框。

（2）在"主要关键字"下拉列表中选择"总分"列，选择"降序"次序，单击"添加条件"按钮，在新增的"次要关键字"中，选择"专业"列，选择"升序"次序，如图 4-52 所示，单击"确定"按钮即可。此方法可以选择多个关键字进行排序。

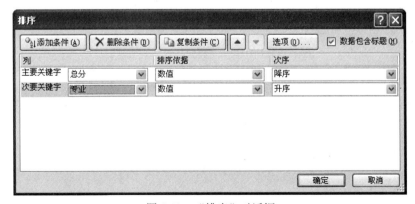

图 4-52　"排序"对话框

3．自定义排序

当用户对数据排序有特殊要求，可以利用"排序"对话框中"次序"下拉菜单中的"自定义序列"选项所弹出的对话框进行设置，如图 4-53 所示。

图 4-53　"自定义序列"选项

4.6.2　数据筛选

用户在对数据进行分析时，常从全部数据中按需选出部分数据，从学生成绩表中选出大学英语成绩>=90 的学生，并且是移动终端专业的学生。这就要用到 Excel 2010 提供的"自动筛选"和"高级筛选"对数据进行操作。

1．自动筛选

自动筛选是一种快速的筛选方法，用户可通过它快速选出数据。其具体操作方法如下。

（1）单击数据清单中任一单元格或选中整张数据清单。

（2）单击"数据"选项卡中的"筛选"命令。

这时可以看到，在数据清单的每个字段名右侧都会出现一个向下的箭头，如图 4-54 所示。

	A	B	C	D	E	F	G	H	I	J	K
1	学号	姓名	性别	出生日期	籍贯	所属系	专业	大学英	数学	毛概	计算机应
2	20160503203	沈文娟	女	1997-9-2	梧州市	电信系	移动终端	90	85	92	96
3	20160518202	邱海敏	女	1996-8-9	北海市	电信系	数字媒体	90	87	88	90
4	20160518203	钟山	女	1997-9-18	梧州市	电信系	数字媒体	87	85	88	90

图 4-54　数据筛选

分别单击要筛选的"专业"和"大学英语"项的下拉箭头，就会出现相应的下拉列表框。在"专业"列的下拉列表框中有一些条件选项：全选、计算机软件、数字媒体、移动终端，如图 4-55 所示。"全选"表示显示数据清单中的所有数据，这里选择"移动终端"选项；在"大学英语"列的下拉列表框中选择"数字筛选"→"大于或等于"选项，单元格格式不同，显示菜单有所不同，如图 4-56 所示。在弹出的"自定义自动筛选方式"对话框中"大于或等于"文本框对应位置输入"90"，如图 4-57 所示。

单击"确定"按钮，筛选结果如图 4-58 所示。

选择"数据"选项卡下的"排序与筛选"组中的"清除"命令，即可恢复所有数据。

图 4-55　"自动筛选"条件对话框 1

图 4-56　"自动筛选"条件对话框 2

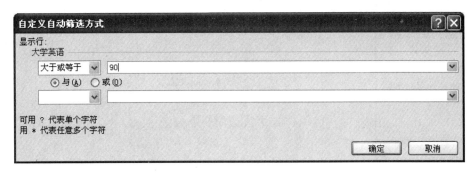

图 4-57　"自动筛选"条件对话框 3

	A	B	C	D	E	F	G	H	I	J	K
1	学号	姓名	性别	出生日期	籍贯	所属系	专业	大学英	数学	毛概	计算机应
2	20160503203	沈文娟	女	1997-9-2	梧州市	电信系	移动终端	90	85	92	96

图 4-58　"自动筛选"结果

2. 高级筛选

实际应用中往往遇到更复杂的筛选条件,就需要使用高级筛选。

在数据清单的工作表中选择某空白区域作为设置条件的区域,并输入筛选条件。在学生成绩表中筛选满足条件为性别"女"或专业"数字媒体"总分在 330～360 之间的学生,操作步骤如下。

(1)在工作表的第一行前插入四行作为高级筛选条件区域,输入筛选条件,如图 4-59 所示。

	B	C	D	E	F	G	H
1		性别	专业	总分	总分		
2		女		>=330	<=360		
3			数字媒体				
4							

图 4-59　设置筛选条件

（2）单击"数据"选项卡"排序和筛选"组中的"高级"按钮，会弹出"高级筛选"对话框。此对话框中的"方式"选项区域中有"在原有区域显示筛选结果"和"将筛选结果复制到其他位置"单选按钮，选中前者则筛选结果显示在原数据清单位置，选中后者则筛选结果被"复制到"指定区域，而原数据仍然在原处。这里选中"将筛选结果复制到其他位置"，然后在"复制到"文本框中输入$A$28：$K$34。

（3）在"列表区域"文本框中指定要筛选的数据区域：$A$5:$K$26，再在"条件区域"文本框中指定已输入条件的区域：Sheet1!$C$1:$F$3。"高级筛选"对话框中还有一个"选择不重复的记录"复选框，选中它，则筛选时去掉重复的记录，如图4-60示。

（4）单击"确定"按钮，高级筛选完成。

图4-60 "高级筛选"对话框

4.6.3 数据分类汇总

分类汇总就是把数据分类别进行统计，便于对数据的分析和管理。对学生成绩表按"专业"进行分类汇总，其具体操作方法如下。

图4-61 "分类汇总"对话框

1．为数据清单插入汇总

具体操作步骤如下。

（1）先选定汇总列，对数据清单按汇总列字段进行排序。

（2）在要分类汇总的数据清单中，单击任意单元格。

（3）选择"数据"→"分级显示"→"分类汇总"命令，打开"分类汇总"对话框，如图4-61所示。

（4）在"分类字段"下拉列表框中，选择需要用来分类汇总的"专业"列。

（5）在"汇总方式"下拉列表框中，选择所需的用于计算分类汇总的函数，此处选择"求和"选项。

（6）在"选定汇总项（可多个）"列表框中，选中与需要对其汇总计算的数值列对应的复选框。

（7）单击"确定"按钮，即可生成分类汇总，如图4-62所示。

		A	B	C	D	E	F	G	H	I	J	K	L
7								计算机软件 汇总	394	381	399	429	
8		20160518202	邱海敏	女	1996-8-9	北海市	电信系	数字媒体	90	87	88	90	355
9		20160518203	钟山	女	1997-9-18	梧州市	电信系	数字媒体	87	85	88	90	350
10		20160501207	梁清华	男	1998-8-7	南宁市	电信系	数字媒体	86	87	85	87	345
11		20160518205	胡凯有	男	1995-6-19	广州市	电信系	数字媒体	87	88	85	75	335
12		20160518204	陈世荣	女	1996-7-21	长沙市	电信系	数字媒体	85	80	78	88	331
13		20160518206	高占玉	男	1997-8-7	桂林市	电信系	数字媒体	58	85	88	78	309
14								数字媒体 汇总	493	512	512	508	
15		20160503203	沈文娟	女	1997-9-2	梧州市	电信系	移动终端	90	85	92	96	363
16		20160518202	黄熙来	女	1996-8-20	北海市	电信系	移动终端	88	80	87	89	344
17		20160503201	李崇庆	男	1997-10-8	桂林市	电信系	移动终端	70	85	87	88	330
18		20160518204	韦婧	女	1996-8-1	北海市	电信系	移动终端	85	75	82	83	325
19		20160518203	蓝海	女	1997-9-11	梧州市	电信系	移动终端	85	83	84	70	322
20		20160503207	黎强	男	1998-5-7	南宁市	电信系	移动终端	66	75	85	78	304
21		20160503205	韦巧妃	男	1995-6-12	广州市	电信系	移动终端	68	77	80	75	300
22		20160518204	梁立成	女	1997-8-7	长沙市	电信系	移动终端	78	68	74	75	295
23		20160503206	姚长书	男	1997-8-10	桂林市	电信系	移动终端	87	56	67	77	287
24		20160503204	韦山善	女	1996-7-7	长沙市	电信系	移动终端	67	65	74	80	286
25								移动终端 汇总	784	749	812	811	
26								总计	1671	1642	1723	1748	

图4-62 分类汇总结果

2．删除插入的分类汇总

当在数据清单中清除分类汇总时，Excel 2010 同时也将清除分级显示和插入分类汇总时产生的所有自动分页符。具体操作步骤如下。

（1）在含有分类汇总的数据清单中，单击任意单元格。

（2）选择"数据"→"分级显示"→"分类汇总"命令，打开"分类汇总"对话框。

（3）单击"全部删除"按钮。

4.6.4　建立数据透视表

数据透视表是一种可以对大量数据快速汇总和建立交叉列表的交互式表格。它能够对行和列进行转换以查看源数据的不同汇总结果，并显示不同页面以筛选数据，还可以根据需要显示区域中的明细数据。数据透视表是一种动态工作表，它提供了一种以不同角度观看数据清单的简便方法。

现有"销售数量统计表"工作表中的数据清单，如图 4-63 所示，开始建立数据透视表，显示各分店各型号产品销售量的和、总销售额的和及汇总信息。

	A	B	C	D	E
1			销售数量统计表		
2	经销店	型号	销售量	单价（元）	总销售额（元）
3	1分店	A001	267	33	8811
4	2分店	A001	273	33	9009
5	1分店	A002	271	45	12195
6	2分店	A002	257	45	11565
7	1分店	A003	232	29	6728
8	2分店	A003	226	29	6554
9	1分店	A004	304	63	19152
10	2分店	A004	290	63	18270
11					

图 4-63　"销售数量统计表"数据清单

（1）选择"销售数量统计表"数据清单的 A2：E10 数据区域，选择"插入"选项卡"表格"组中的"数据透视表"命令，打开"创建数据透视表"对话框，如图 4-64 所示。

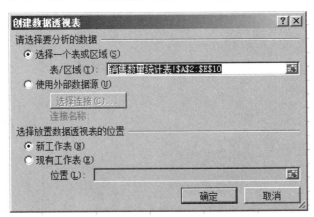

图 4-64　"创建数据透视表"对话框

（2）在"创建数据透视表"对话框中，自动选中了"选择一个表或区域"单选按钮，在"选择放置数据透视表的位置"选项区域中选中"现有工作表"单选按钮，通过切换按钮选择位置（从

A12 开始），单击"确定"按钮，弹出"数据透视表字段列表"对话框（图 4-65 所示）和未完成的数据透视表。

（3）在弹出的"数据透视表字段列表"对话框中，选定数据透视表的列标签、行标签和需要处理的方式。此时，在所选择放置数据透视表的位置处显示出完成的数据透视表，如图 4-66 所示。

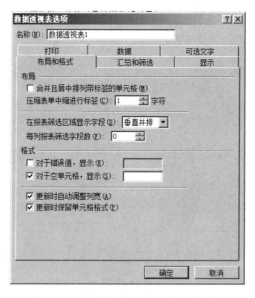

图 4-65 "数据透视表字段列表"对话框　　　　　图 4-66 完成的数据透视表

选中数据透视表，右击，可弹出"数据透视表选项"对话框，利用对话框的选项可以改变数据透视表的布局和格式、汇总和筛选及显示方式等，如图 4-67 所示。

图 4-67 "数据透视表选项"对话框

任务 4.7　打印设置

工作表制作完成后，可以通过打印设置功能打印出更加美观的文件。

4.7.1　页面布局

利用"页面布局"选项卡可以设置页面、页边距、页眉/页脚和工作表等，设置方法是在 "页面布局"选项卡下的"页面设置"命令组里，如图 4-68 所示。

单击"页面设置"组的右下角小三角按钮，弹出"页面设置"对话框，进行页面、页边距、页眉/页脚和工作表等相应设置，如图 4-69 所示。

图 4-68　"页面布局"选项卡　　　　　　图 4-69　"页面设置"对话框

4.7.2　打印预览

打印之前，可以通过打印预览功能预先观察打印效果，方法是通过在"页面设置"对话框的"工作表"选项卡下的"打印预览"命令实现的。

4.7.3　打印

页面设置和打印预览完成后就可以进行打印了，选择"文件"→"打印"命令，或者"页面设置"对话框中"工作表"选项卡下的"打印"命令完成打印。

任务 4.8　工作表保护和隐藏

Excel 2010 可以有效地对所编辑的文件进行保护，如设置访问密码防止无关人员访问，或者禁止无关人员修改工作簿或工作表中的数据，以及隐藏公式等。

4.8.1　保护工作簿

（1）限制打开工作簿。

①打开工作簿，选择"文件"选项卡下的"另存为"命令，打开"另存为"对话框。

②单击"工具"下拉列表框中的"常规选项"命令，打开"常规选项"对话框。

③在"打开权限密码"文本框中输入密码，根据要求再输入一次以确认。

④单击"确定"按钮并保存退出。

（2）限制修改工作簿。

打开"常规选项"对话框，在"修改权限密码"文本框中输入密码。

（3）修改和取消密码。

打开"常规选项"对话框，在"打开权限密码"文本框中输入密码、新密码或取消密码。

4.8.2　保护工作表

（1）选择要保护的工作表。

（2）选择"审阅"→"更改"→"保护工作表"命令，出现"保护工作表"对话框。

（3）选中"保护工作表及锁定的单元格内容"复选框，在"允许此工作表的所有用户进行"列表框中的选项中选中"允许用户操作"复选框，输入密码后单击"确定"按钮。

4.8.3　隐藏工作表

工作表隐藏后，使内容可以使用但不可见，也可以起到保护作用。

利用"视图"选项卡下的"隐藏"命令可以隐藏工作表窗口。

项目训练

会计王艳要对本学院电信系 2016 年 11 月份工资发放情况进行统计和分析，具体要求如下。

1．新建一个"工资情况表"工作簿，在该工作簿的第一张工作表 Sheet1 中输入如图 4-70 所示的数据，将 Sheet1 更名为"×××学院电信系 2016 年 11 月份工资情况表"。

2．将单元格 A1:L1 合并且水平居中，将标题字号设置为 20 号，黑体。将单元格 A2:L2 的字体设置为仿宋、12 号、橄榄色，强调文字颜色 3 底纹且水平居中；将 A3:L14 加绿色外双及红色内细的边框线。

3．用 IF 函数计算"绩效工资"，标准:教授为 2500 元、副教授为 2200 元、讲师为 1800 元、助教为 1600 元。

4．用公式计算：工会会费=基本工资×0.01，实发工资=基本工资+绩效工资+工龄×20-工会会费

5．用 rank 函数计算名次，以实发工资为标准计算排名。

6．筛选出职称为教授或副教授，性别为男的记录，并将筛选结果放到 A15 起的单元格中。

7．把 Sheet1 中的数据复制到 Sheet2 中，分类汇总：统计每类职称的人数，将工作表 Sheet2 改名为"分类汇总"。

8．把 Sheet1 中的数据复制到 Sheet3 中，数据透视表：按专业团队统计每类职称的基本工资的平均值；将工作表 Sheet3 改名为"数据透视表"。

	A	B	C	D	E	F	G	H	I	J	K	L
1	XXX学院电信系2016年11月份工资情况表											
2	教工号	姓名	性别	工作时间	专业团队	职称	工龄	基本工资	绩效工资	工会会费	实发工资	名次
3	h0075	赵怀	男	2001年7月17日	计算机应用	副教授	15	4500				
4	h0034	李胜	男	1999年7月11日	应用电子	教授	17	5000				
5	h0120	秦华南	男	2012年6月25日	数字媒体	助教	4	2000				
6	h0123	李蓓芳	女	2007年6月25日	数字媒体	讲师	9	2500				
7	h0060	李牧	女	2000年3月18日	应用电子	副教授	16	4500				
8	h0063	吴海明	男	2000年4月9日	计算机应用	副教授	16	4500				
9	h0110	陈天成	男	2010年6月25日	计算机应用	讲师	6	2500				
10	h0111	黄梅莉	女	2011年5月21日	数字媒体	讲师	5	2500				
11	h0114	翟耀成	男	2011年4月15日	应用电子	讲师	5	2500				
12	h0083	劳显卿	女	2007年6月25日	电子商务	讲师	9	2500				
13	h0086	陈文娜	女	2007年6月25日	电子商务	讲师	9	2500				
14	h0171	常东隆	男	2013年6月25日	应用电子	助教	3	2000				

图 4-70　×××学院电信系 2016 年 11 月份工资情况表

项目 5　PowerPoint 2010 的使用

PowerPoint 是目前最好、最普遍、最受欢迎的演示文稿制作软件，使用它制作的演示文稿更加生动、形象，深得人们的喜爱，它已逐渐融入我们的生活。在各种各样的会议、演讲、产品展销推广以及各类培训、研讨会上，几乎都少不了它的踪影。随着办公自动化的普及，PowerPoint 的应用越来越广泛。演示文稿示例如图 5-1 所示。

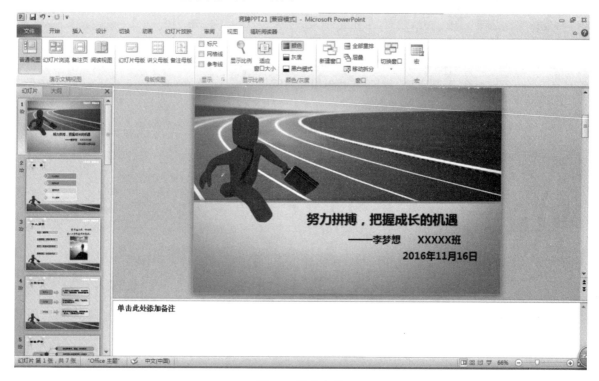

图 5-1　演示文稿

任务 5.1　竞聘演讲文稿设计与制作

通过本任务介绍演示文稿的基本操作，学会创建幻灯片、编辑幻灯片、使用图像、使用插图以及幻灯片放映与保存。

5.1.1　PowerPoint 2010 的基本操作

1. 启动 PowerPoint 2010

最常用的方法是使用"开始"菜单的命令和双击桌面的快捷方式，启动 PowerPoint 2010 后弹出窗口，此窗口为已建立的默认的空白文档。

　　单击"开始"按钮，在出现的程序菜单中选择"Microsoft Office"→"Microsoft PowerPoint 2010"命令，打开 PowerPoint 2010 软件，进入其工作界面，如图 5-2 所示。

图 5-2　PowerPoint 2010 工作界面

2．退出 PowerPoint 2010

　　最常用的方法是使用窗口控制按钮的"关闭"按钮或命令。另外，还可以执行"文件"→"退出"命令；或按下 Alt+F4 组合键。

3．PowerPoint 窗口的组成

　　PowerPoint 窗口和 Word、Excel 一样，由标题栏、选项卡和功能区、幻灯片编辑区等窗口组成，如图 5-3 所示。

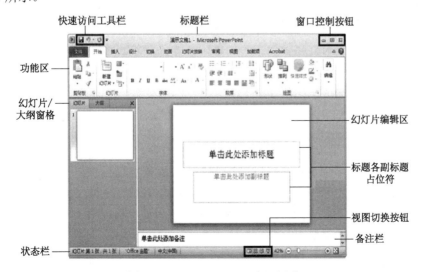

图 5-3　PowerPoint 2010 窗口组成

4．PowerPoint 视图的方式

"视图"下拉菜单中提供了"普通""幻灯片浏览""备注页"和"幻灯片放映"4 个视图模式命令。通过单击演示文稿窗口左下角的视图工具栏中的相应按钮可以切换视图的显示模式。

5.1.2 创建、保存演示文稿

1．创建演示文稿

方法一：执行"文件"→"新建"命令，在"新建演示文稿"对话框的"常用"选项中，选择"空演示文稿"，单击"确定"按钮，创建演示文稿后，会生成一张幻灯片，此时 PowerPoint 会出现"幻灯片版式"的对话框，选定一种幻灯片的版式，PowerPoint 文档中会显示出该演示文搞的第一张幻灯片，在该幻灯片中加入内容即可。

方法二：单击"常用"工具栏中的"新建"按钮新建一个演示文稿。

2．演示文稿的保存

方法一：执行"文件"→"保存"命令，打开"另存为"对话框，在"保存位置"中选择要保存文稿的文件夹，在"文件名"中输入文稿名，在"保存类型"下拉列表框中选择"演示文稿"，单击"确定"按钮。

方法二：单击"常用"工具栏中的"保存"按钮可出现"另存为"对话框。

创建和保存竞聘演讲演示文稿：

启动 Microsoft PowerPoint 2010，创建空白文档后，以"竞聘演讲文稿.docx"文件名保存。

5.1.3 制作竞聘演讲文稿

通常，演示文稿都会由多张幻灯片组成，用户可根据具体需要确定幻灯片数量。在用户创建空白演示文稿时，会自动生成一张空白的幻灯片。当内容较多时往往需要继续添加幻灯片，或在修改幻灯片时对部分不再需要的幻灯片进行删除操作。在演示文稿中添加、删除幻灯片操作如下。

添加幻灯片：选定要插入新幻灯片的位置，单击"开始"选项卡"幻灯片"组的"新建幻灯片"按钮；或者选定好要插入新幻灯片位置后右击，在弹出的快捷菜单中选择"新建幻灯片"选项。

删除幻灯片：选中要删除的目标幻灯片后右击，在弹出的快捷菜单中选择"删除幻灯片"选项，如图 5-4 所示。

竞聘演讲文稿制作操作如下。

1．制作演示文稿的封面幻灯片——设置幻灯片主题

（1）选择"设计"选项卡，在"主题"组单击下三角形按钮，在下拉列表框中选择"浏览主题"命令，在弹出的"选择主题或主题文档"对话框中找到"竞聘 PPT 主题"所在位置并选择，最后单击对话框右下角的"应用"按钮，效果如图 5-5 所示。

图 5-4　右键快捷菜单栏

图 5-5　幻灯片主题效果

（2）选择"开始"选项卡，在"幻灯片"组中单击"版式"按钮，可以看到第一张幻灯片的版式默认选择的是"标题幻灯片"。单击幻灯片中"标题"占位符，输入文字"努力拼搏，把握成长的机遇"，设置字体为"微软雅黑"、字号为"32"，加粗，阴影。单击"副标题"占位符，输入副标题文字"——李梦想　　×××××班"，设置字体为"微软雅黑"、字号为"24"。调整主、副标题在幻灯片中的位置。在副标题下方插入文本框，输入日期"2016 年 11 月 16 日"。

（3）在幻灯片右上部插入文本框，输入文字"汇流纳川　修德励能"，设置字体为"华文行楷"、字号为"20"，字体颜色为"白色，背景 1"，加粗，然后选择"绘图工具格式"选项卡，在"艺术字样式"中单击"填充-白色，投影"按钮，效果如图 5-6 所示。

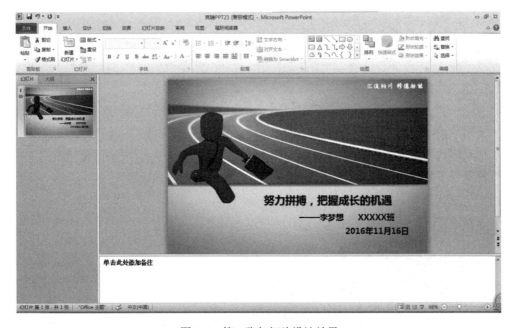

图 5-6　第一张幻灯片设计效果

2．制作第二张幻灯片

（1）在第一张幻灯片缩略图下方右击，在弹出的快捷菜单中选择"新建幻灯片"选项，这样就在第一张幻灯片后面添加了第二张幻灯片，选择"开始"选项卡，单击"版式"按钮，在弹出的菜单中选择"空白"版式。

（2）在幻灯片左上角插入"bt"图片，选择"图片工具格式"选项卡，在"大小"组中设置宽度为"8.2厘米"，高度默认。插入一个文本框，输入文字"目　　录"（两字相隔2个字符），设置字体为"华文隶书"、字号为"32"，加粗。选中该文本框，移动至"标题图"的方框内，调整到合适位置，如图5-7所示。

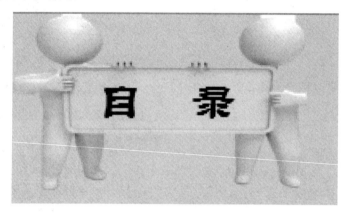

图5-7　标题样式

（3）在左边导航窗格中选择第一张幻灯片，复制其右上角的"汇流纳川　修德励能"文本框，然后在导航窗格中选择第二张幻灯片，将文本框粘贴至幻灯片中。

（4）在幻灯片中间部分插入一个"圆角矩形"形状，选择"绘图工具格式"选项卡，如图5-8所示。

图5-8　"绘图工具格式"选项卡

在"大小"组中设置宽度为"11.66厘米"，高度为"2.14厘米"，如图5-9所示。

在"形状样式"组（图5-10）中单击"形状填充"旁的下三角形按钮，在弹出的下拉列表中选择"主题颜色"为"深蓝，文字2，淡色40%"，如图5-11所示。

图5-9　图片大小设置

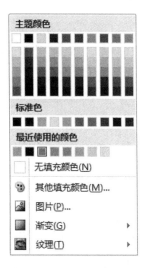

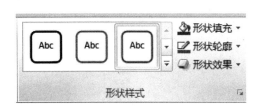

图 5-10　"形状样式"组　　　　　　　　　　图 5-11　"形状填充"设置

　　单击"形状轮廓"旁的下三角按钮，在弹出的下拉列表中选择"主题颜色"为"白色，背景1"，如图 5-12 所示。

　　单击"形状效果"旁的下三角按钮，在出现如图 5-13 所示的下拉列表中选择"阴影"→"阴影选项"命令，在弹出的"设置形状格式"对话框中设置阴影：预设"向右偏移"、透明为"50%"、大小为"100%"、虚化为"0 磅"、角度为"39.8°"、距离为"7.8 磅"。在形状左边插入"菱形"形状，选择"绘图工具格式"选项卡，在"形状样式"组中单击"形状填充"旁的下三角形按钮，在弹出的下拉列表框中选择"主题颜色"为"深蓝，文字 2，淡色 40%"，再单击"形状轮廓"旁的下三角形按钮，在弹出的下拉列表框中选择"主题颜色"为"白色，背景 1"，单击"形状效果"旁的下三角按钮，在弹出的下拉列表中选择"阴影"→"阴影选项"命令，在弹出的"设置形状格式"对话框中设置阴影：预设"向右偏移"、透明为"50%"、大小为"100%"、虚化为"0 磅"、角度为"36.9°"、距离为"5 磅"，在"菱形"形状中编辑文字，输入数字"1"，设置字体为"微软雅黑"、字号为"18"，加粗，在"菱形"形状右侧插入文本框，输入文字"个人简介"，设置字体为"微软雅黑"、字号为"20"，加粗。然后将形状和文本框全部选择进行"组合"，如图 5-14 所示。

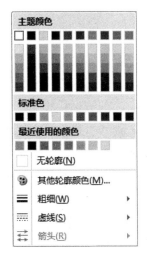

图 5-12　"形状轮廓"设置　　　　　　　　　图 5-13　"形状效果"设置

图 5-14　组合效果图

再把组合体复制三份，分别修改数字和文字，依次为："2 工作计划""3 自我评价""4 个人表态"，形状填充分别设置为"红色，强调文字颜色 2，淡色 40%""浅绿色""黄色"，效果如图 5-15 所示。

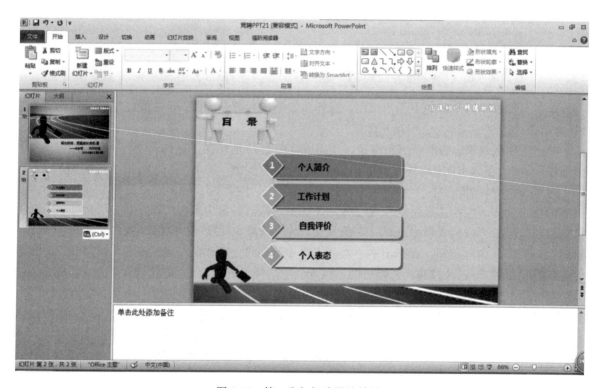

图 5-15　第二张幻灯片设计效果

3．制作第三张幻灯片

（1）在导航窗格中选择第二张幻灯片右击，在弹出的下拉菜单里选择"复制幻灯片"选项，添加第三张幻灯片。

（2）在幻灯片中，修改左上角标题为"个人简历"。

（3）在幻灯片中，删除 3 个组合体，保留其中一个，并去掉"菱形"形状和文本框，然后将形状填充颜色改为"橙色"，大小高度改为"1.4 厘米"，宽度改为"7.64 厘米"，编辑文字"姓名：李梦想""微软雅黑"、字号为"18"，加粗，然后复制 3 份该形状，分别将内容改为"入学时间""能力""竞聘岗位"等相应内容，如图 5-16 所示。

调整这 4 个形状位置并选择，在"绘图工具格式"的排列组"对齐"下拉列表中选择"左右居中"对齐，如图 5-17 所示。

（4）在幻灯片右半边中部插入一个文本框，在里面输入文字"努力向上走，哪怕迈出一小步也是有新高度。"，设置字体为"华文行楷"、字号为"24"，字体颜色为"橙色，强调文字颜色 6，深色 50%"。

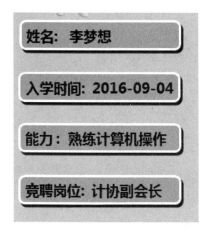

图 5-16　第二张幻灯片设计内容

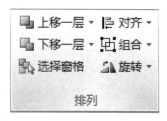

图 5-17　对齐设置

（5）选择"插入"选项卡，选择"插图"组中的图片，在弹出的对话框中找到图片位置并选择"dg.jpeg"，插入图片，选择"图片工具格式"选项卡，在"大小"中设置图片高度为"8.94 厘米"，宽度为"6.85 厘米"，在"图片样式"中的"图片效果"中将图片设置为"柔化边缘 10 磅"，然后移到上一步文字下方合适位置，如图 5-18 所示。

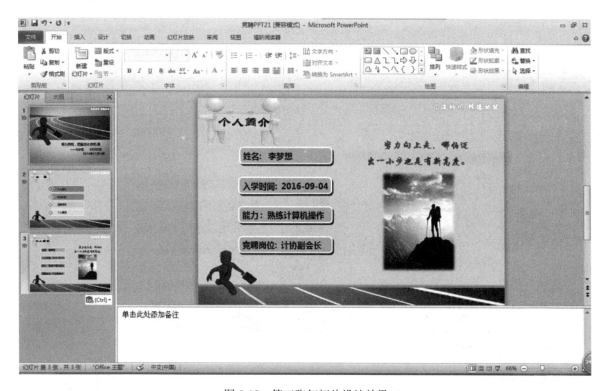

图 5-18　第三张幻灯片设计效果

4．制作第四、第五、第六张幻灯片

（1）利用复制幻灯片的方法，在第三张幻灯片缩略图下方添加第四、第五、第六张幻灯片，

并运用第二、第三张幻灯片的操作方法分别进行制作，第四、第五、第六张幻灯片效果分别如图5-19、图5-20、图5-21所示。

图 5-19　第四张幻灯片设计效果

图 5-20　第五张幻灯片设计效果

返回第二张幻灯片，选择设置超链接目标对象（如"个人简历"），在"插入"选项卡"链接"组单击"超链接"命令，如图 5-22 所示，对"个人简历"设置超链接至文档第三张幻灯片中，如图 5-23 所示。

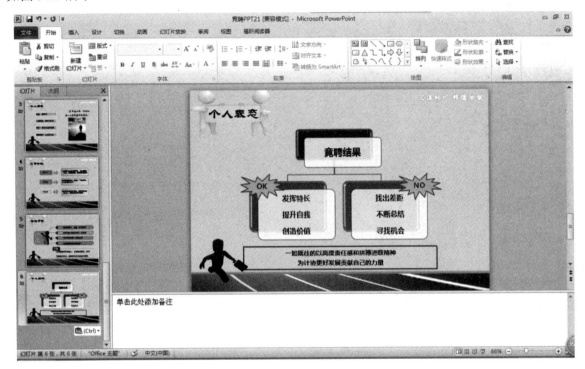

图 5-21　第六张幻灯片设计效果

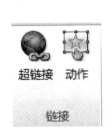

图 5-22　"链接"组

图 5-23　超链接设置

　　然后，分别对目录"工作计划""自我评价""个人表态"设置超链接至文档中第四、第五、第六张幻灯片，这样在幻灯片放映时可以通过单击图形而直接跳转至相应的幻灯片。

5．制作第七张幻灯片

　　（1）在第六张幻灯片缩略图下方添加第七张幻灯片，选择"开始"选项卡，单击"版式"按钮，选择"标题幻灯片"版式。

　　（2）选择"开始"选项卡，单击"幻灯片"中"标题"占位符，输入文字"感谢聆听！"，设置字体为"华文细黑"、字号为"32"，加粗，倾斜。单击"副标题"占位符，输入副标题文字"Thanks for your time！"，设置字体为"微软雅黑"、字号为"16"。调整主、副标题在幻灯片中的位置，如图 5-24 所示。

图 5-24　第七张幻灯片设计效果

6. 设置不同的视图效果

选择"视图"选项卡，在"演示文稿视图"组中有对幻灯片的各种视图的浏览方式，如选择"幻灯片浏览"视图，可以看到幻灯片以浏览的视图方式展现，如图 5-25 所示。如果选择"幻灯片放映"视图，可以将幻灯片以放映的方式查看。

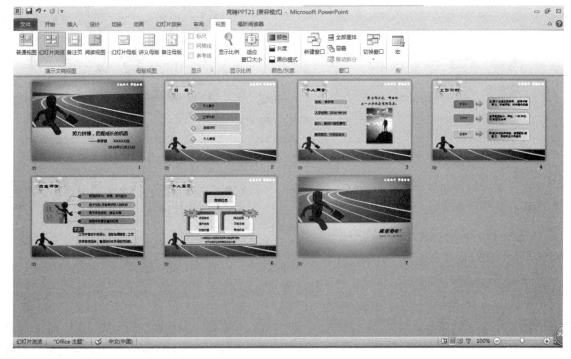

图 5-25　"幻灯片浏览"视图

7．保存并放映幻灯片

保存幻灯片，并放映幻灯片观看整体效果。

5.1.4　设计演示文稿主题

通常，在使用 PowerPoint 2010 创建演示文稿的时候，用户可以通过使用主题功能来快速地美化和统一每一张幻灯片的风格。在"设计"选项卡"主题"选项组中单击其右侧下拉按钮，在打开的主题列表中可以非常轻松地选择某一个主题。将鼠标移动到某一个主题上，就可以实时预览到相应的效果。最后单击某一个主题，就可以将该主题快速应用到整个演示文稿中。

如果对主题效果的某一部分元素不够满意，用户可以通过颜色、字体或者效果进行修改。例如，可以单击颜色按钮，在下拉列表中选择一种自己喜欢的颜色。

5.1.5　幻灯片的复制、移动和删除等操作

在幻灯片制作过程中，用户可根据需要对幻灯片进行各种复制、删除等操作。

1．添加新幻灯片

选定新幻灯片插入位置，单击"开始"选项卡"幻灯片"组的"新建幻灯片"按钮；或选定好要插入新幻灯片位置后右击，在弹出的快捷菜单中选择"新建幻灯片"命令。

2．复制幻灯片

选择要复制的幻灯片并右击，在弹出的快捷菜单中选择"复制"命令。然后，选定幻灯片插入位置的上一张幻灯片并右键单击，在弹出的快捷菜单中选择"粘贴选项"中"使用目标主题"命令或使用快捷方式按 Ctrl+V 组合键进行粘贴。

3．移动幻灯片

选定要移动的幻灯片，按下鼠标左键不放，移动鼠标将选定的幻灯片移到合适位置后松开左键。

4．删除幻灯片

选择要删除的幻灯片并右击，在弹出的快捷菜单中选择"删除幻灯片"命令或直接按下 Delete 键。

任务 5.2　节日贺卡的设计与制作

5.2.1　创建、保存节日贺卡演示文稿

启动 Microsoft PowerPoint 2010，创建空白文档后，以文件名"节日贺卡.docx" 保存。

5.2.2　制作节日贺卡

1．制作贺卡的片头封面

背景设置是幻灯片外观设计中的一部分，通过它可以渲染幻灯片。用户可以根据自身需要通

过设置背景样式和设置背景格式来美化幻灯片。

通常，设置幻灯片背景我们可使用如下方法。

（1）PowerPoint 给每个主题都提供了 12 种背景样式，用户可根据需要选择其中一种对幻灯片背景进行快速更改。

（2）用户也可以通过设置背景格式来对幻灯片的背景进行更改。

节日贺卡片头制作步骤如下。

（1）选择"开始"选项卡，在"幻灯片"组单击"版式"旁的下三角按钮，在下拉列表框中选择"空白"命令。

（2）在幻灯片中空白的位置右击，选择下拉列表中的"设置背景格式"选项，在弹出的"设置背景格式"对话框中选择"填充"选项，这时可以看到默认下是选中"纯色填充"，然后直接在"颜色填充"中单击"颜色"旁的下三角按钮，选择主题颜色为"黑色，文字 1"，再选择关闭，效果如图 5-26 所示。

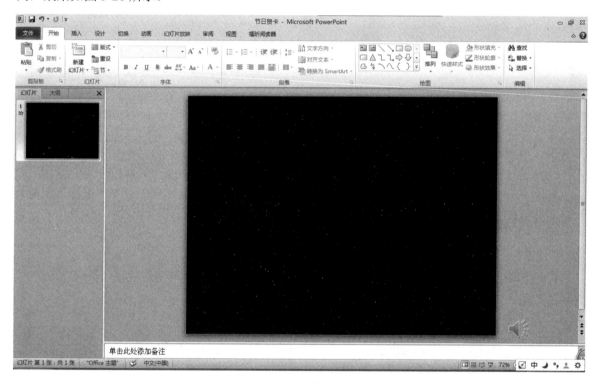

图 5-26　设置背景格式

（3）选择"插入"选项卡，单击"图像"组的"图片"按钮，在弹出的"插入图片"对话框中选择"片头 1、2、3、4"，然后单击"确认"按钮，插入片头图片。然后调整四张片头图片位置使之纵向排列，并在"图片工具格式"选项卡中"排列"组中执行"上移一层"和"下移一层"命令，调整片头 1～4 的层次，如图 5-27 所示。

（4）选择"动画"选项卡，分别选择这四张片头图片，将片头 1～3 图片分别添加"轮子"动画。单击"动画窗格"按钮使之在幻灯片右侧显示，将片头 1 设置成"开始：从上一项开始，效果选项中声音：打字机，动画播放后：播放动画后隐藏"，如图 5-28 所示；

将片头 2、3 都设置成"开始：从上一项之后开始，效果选项中声音选择打字机，动画播放后选择播放动画后隐藏"；选择片头 4 添加"出现"动画，并设置成"开始：从上一项开始"，如

图 5-29 所示。

图 5-27　设置图片层次　　　　　　　　　　　图 5-28　设置动画效果

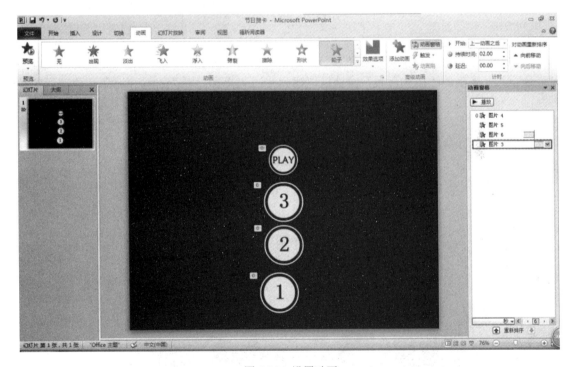

图 5-29　设置动画

（5）在第一张幻灯片缩略图下方右击，在弹出的快捷菜单中选择"新建幻灯片"选项，这样就在第一张幻灯片后面添加了第二张幻灯片。再选择第一张幻灯片，选中片头 4，在"插入"选项卡中执行"链接"组的"超链接"命令，将其链接至本文档中的位置："幻灯片 2"。然后，将四张片头图片同时选上，单击"图片工具格式"选项卡的"排列"组中"对齐"旁下三角按钮，在下拉列表中按顺序选择"左右居中""上下居中"选项，使之纵向对齐后叠放在一起，并调整其位于幻灯片正中间，如图 5-30 所示。

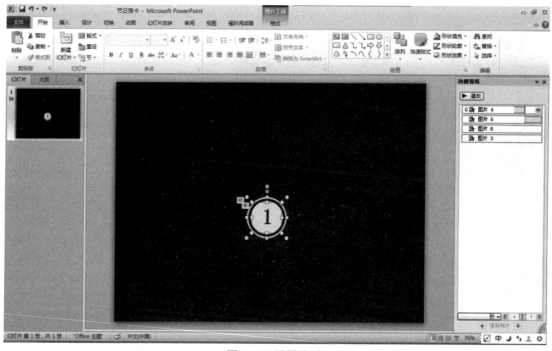

图 5-30　设置动画

（6）设置第一张幻灯片切换效果为"揭开"，并设置自动换片时间为 0.3s。

（7）选择"插入"选项卡，单击"媒体"组的"音频"按钮，在下拉列表中选择"文件中的音频"命令，在弹出的"插入音频"对话框中找到并插入背景音乐"music.mp3"。将音频的喇叭图标移动至右下角幻灯片编辑区外，选择"音频工具播放"选项卡，在"音频选项"组内设置开始方式"跨幻灯片播放"并选中"播放时隐藏""循环播放，直至停止"选项。单击快速访问工具栏的"保存"按钮保存文稿，效果如图 5-31 所示。

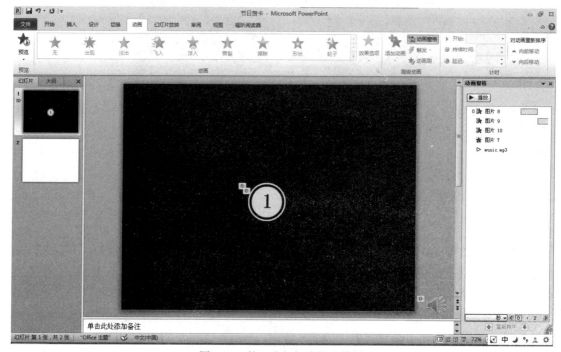

图 5-31　第一张幻灯片设计效果

2. 制作贺卡的内容幻灯片

（1）选择第二张幻灯片，将该幻灯片的背景设置成主题颜色为标准"橙色"，然后插入两个矩形形状并调整其大小，分别设置：去掉形状轮廓，填充颜色为主题颜色"橙色，强调文字颜色6，深色 25%"、标准"深红"。插入一个正菱形形状，调整合适大小后设置成无形状轮廓、填充颜色为主题颜色"红色，强调文字颜色 2，深色 50%"，再在其上顺序插入两个正菱形，调整大小，分别设置为无填充颜色、虚线黄色轮廓；选用图片"fz.jpeg"填充，无形状轮廓，效果如图 5-32 所示。

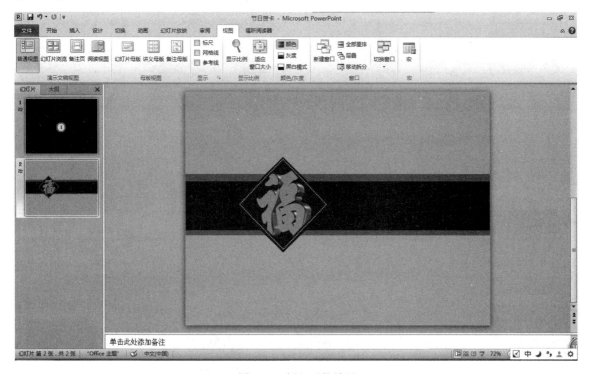

图 5-32　插入形状效果

（2）在幻灯片下半部插入两张图片"jn.jpeg""ghxx.jpeg"，分别缩小至合适大小，将图片"ghxx.jpeg"直接移至中间，把图片"jn.jpeg"移至右下角边线对齐，并在"图片工具格式"选项卡的"调整"组中单击"颜色"按钮，将图片设置为透明色。然后复制图片"jn.jpeg"，并将复印的图片移至左下角边线对齐，再使用"排列"组"旋转"按钮中的"水平翻转"命令将该图片翻转。

（3）在幻灯片中部插入图片"bp.jpeg"，移至左边调整图片大小，然后复制并将复制图片移至右边，水平翻转。

（4）在幻灯片中部正菱形形状右侧插入两张图片"2017.jpeg""ydkl.jpeg"，分别缩小至合适大小，将图片"2017.jpeg"删除背景后移至菱形右上角，把图片"ydkl.jpeg"删除背景后移至数字图片右下方合适位置。

（5）在幻灯片上半部插入图片"dl.jpeg"，调整大小移至左上角边线，然后复制多个图片并将这些复制图片对齐排列，利用"上下居中"水平对齐，微调至顶部边界线。

（6）在幻灯片上半部中间插入矩形和六边形形状，调整大小后将矩形复制移至六边形右侧，水平对齐排列，微调至居中位置。在六边形形状上编辑文字"迎春接福迎新运，家和人和万事和"，设置字符格式：字体为"华文隶书"，字号为"18"，颜色为"白色，背景 1"，加粗。然后在形状下方插入图片"yh.jpeg"，调整大小后复制多个图片并将这些复制图片水平对齐排列，微调合适间距，将正菱形形状置于顶层，效果如图 5-33 所示。

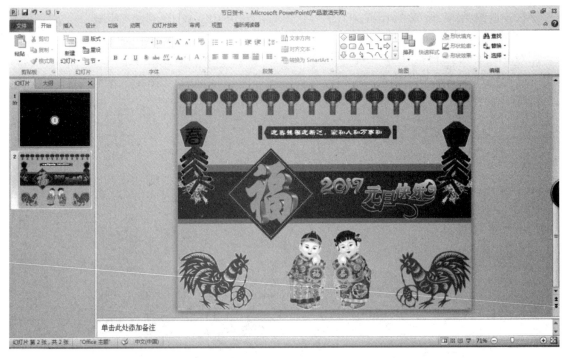

图 5-33　第二张幻灯片设计效果

3. 保存并放映幻灯片

保存幻灯片，并放映幻灯片观看整体效果，如图 5-34 所示。

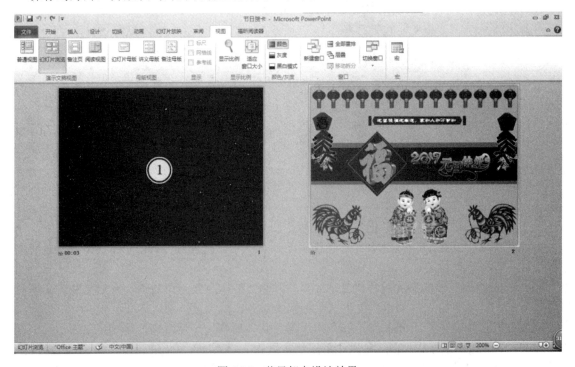

图 5-34　节日贺卡设计效果

4. 打包幻灯片

将节日贺卡打包成 CD，如图 5-35 所示。

图 5-35　将节日贺卡打包成 CD 效果

5.2.3　背景设置

1. 改变背景样式

打开演示文稿，单击"设计"选项卡"背景"组的"背景样式"按钮，用户可根据需要选择其中一种样式，这样可对整个演示文稿的背景进行快速更改。如果其中一部分幻灯片背景需要不同的设计，则可以通过设置背景格式来实现，如图 5-36 所示。

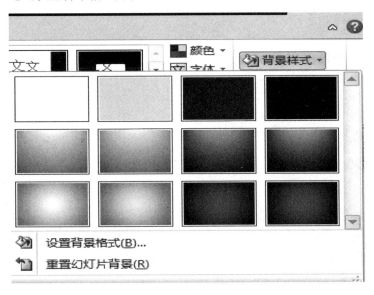

图 5-36　背景样式

2. 背景格式设置

单击"设计"选项卡"背景"组的"背景样式"按钮，在下拉列表中执行"设置背景格式"命令，在弹出的对话框中可通过"填充"选项对幻灯片进行背景颜色改变、图案填充、纹理填充、图片填充等设置，如图 5-37 所示。单击"关闭"按钮，结束操作。

图 5-37　设置背景格式

5.2.4　在演示文稿中插入视频和音频

选中要插入视频和音频的幻灯片，单击"插入"选项卡"媒体"组的"视频"或"音频"按钮，然后选择所需的音、视频插入。或者，单击下三角按钮可以在其下拉列表中根据需要执行具体操作命令，如图 5-38 所示。

5.2.5　演示文稿放映设计

在演示文稿内容制作好后，往往对幻灯片进行动画、切换效果设计，使得演示文稿放映时页面更加鲜活、生动、形象，同样也更能突出内容重点、吸引观众的注意力。

图 5-38　插入音频操作

1. 设置动画效果

第一步：插入或绘制动画

选定要设置动画的目标对象，选择"动画"选项卡 "动画"组的相应动画效果选项即可。在该界面中可选择"进入"动画、"强调"动画、"退出"动画和动作路径动画的相关选项进行插入或绘制动画，如图 5-39 所示。

第二步：设置动画属性

选定目标对象，单击"动画"组的"动画选项"按钮，选择下拉列表中动画方向和形式的选项，选择满意的效果选项，如图 5-40 所示；在"计时"组设置动画的开始方式、持续时间和延迟时间，如图 5-41 所示；单击"动画"组右下角的启动触发器，在弹出的对话框中的"效果"选项卡下可以设置动画音效，如图 5-42 所示。

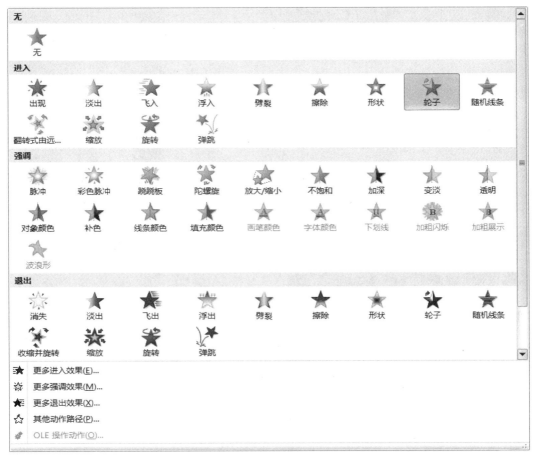

图 5-39　插入式绘制动画设置

图 5-40　效果选项

图 5-41　"计时"组设置

第三步：调整动画播放顺序及预览效果

当演示文稿设置好动画后，对有多个对象设置了动画的幻灯片往往需要调整该幻灯片对象动画的播放顺序，同时需在调整顺序时预览播放的效果。

单击"高级动画"的"动画窗格"按钮，在演示文稿右侧出现动画窗格内容，在其中进行动画顺序的调整，通过单击"播放"按钮浏览播放效果，如图 5-43 所示。

图 5-42　设置动画音效　　　　　　　　　图 5-43　动画窗格设置

2. 设计切换效果

设置恰当的切换效果会使得幻灯片间过渡衔接更为自然，也能起到吸引观众注意力的作用。

选择"切换"选项卡，在"切换到此幻灯片"组中"细微型""华丽型"和"动态内容"效果中可选择需要的切换效果，如图 5-44 所示。同时，在该组的"效果"选项和"计时"选项中，用户可以根据需要设置幻灯片切换属性。然后，通过"预览"组的"预览"按钮进行切换效果预览。如果需要对整个演示文稿设置相同的切换效果，需单击"计时"组的"全部应用"按钮即可。

3. 放映演示文稿

幻灯片制作完成后，往往需要试看具体的演示效果，那么可以通过放映幻灯片来进行。

选择"幻灯片放映"选项卡，在"开始放映幻灯片"组可以选择幻灯片放映方式。例如，执行"从头开始"命令，可以让演示文稿从第一张幻灯片开始放映。当然，用户也可以选择"自定义放映"命令根据实际需求进行放映。同时，也可以在"设置"组对演示文稿的放映进行相关设置，如图 5-45 所示。

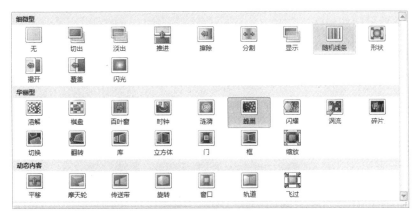

图 5-44　设置切换效果

图 5-45　设置幻灯片放映方式

5.2.6　演示文稿打印与打包

当用户制作完成一份演示文稿后，有时需要将演示文稿打印出来，以便传阅；有时需将演示文稿复制至未安装 PowerPoint 应用软件的计算机上进行放映。对于这些需求，我们需要先学会演示文稿的打印与打包操作。

1．演示文稿的打印

PowerPoint 2010 提供三种颜色方式给用户选择打印演示文稿，而用户在打印前通常会先预览一下打印效果以便进行对比或调整。

执行"文件"选项卡的"打印"命令，在出现的界面里用户可根据实际需要进行演示文稿打印的相关设置，如图 5-46 所示。

图 5-46　设置打印预览

2．将演示文稿打包成 CD

3．打开演示文稿

选择"文件"选项卡，单击其中的"保存并发送"命令，在下拉列表中单击"将演示文稿打包成 CD"，然后在出现的界面单击"打包成 CD"按钮，在弹出的对话框中设置好相关的打包选项，最后单击"复制到 CD"或"复制到文件夹"按钮即可，如图 5-47 所示。另外，可以对运行打包的演示文稿进行测试。

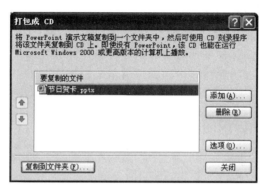

图 5-47　设置打印预览

项目训练

按以下要求制作学院宣传片演示文稿。

1．创建"学院宣传片.pptx"演示文稿。

2．要求演示文稿含有不少于 4 张幻灯片，包含"封面""学院简介""校园风采""校园教学设备"等，内容可自行设计。

3．演示文稿需设计或引用主题，添加动画效果、切换效果等手段。

项目6　互联网的初步知识和应用

任务 6.1　计算机网络的基本概念

6.1.1　计算机网络简介

计算机网络是利用通信设备和线路将地理位置不同的、功能独立的多个计算机系统互联起来，以功能完善的网络软件实现资源共享和信息传递的系统，其主要功能包括以下几个方面。

1. 数据通信

数据通信是计算机网络最基本的功能，网络上不同的计算机之间可以传递和交换数据。人们常常通过电子邮件、电子数据交换、电子公告牌、远程登录和信息浏览等方式进行文字、数字、图像、语音、视频等信息的传输、收集与处理。

2. 资源共享

资源共享就是网络中的用户能够享受网络中各计算机系统的全部或部分资源，从而减少信息冗余，节约成本，提高设备利用率。这里的"资源"是指计算机系统的软硬件资源。

3. 可靠性提高

可靠性是指网络中的计算机可以互为后备，一旦某台计算机出现故障，它的任务可由网络中的其他计算机代为处理，从而大大提高计算机网络的可靠性。

4. 分布式处理

我们可以充分利用网络资源，将复杂的任务分解成若干个子任务，交给多台计算机分别同时进行处理，分担负荷，提高工作效率。

6.1.2　计算机网络的数据通信

计算机通信就是将一台计算机中的数据和信息通过信道传送给网络中的其他计算机。如何高质量完成不同计算机之间信息的传输，是数据通信技术要解决的问题。其相关的概念介绍如下。

1. 数据

数据通常是指所有能输入到计算机中并被计算机程序处理的符号介质的总称。在计算机网络系统中，数据通常被广义地理解为在网络中存储、处理和传输的二进制数字编码。

2. 信号

信号就是数据的具体表现形式，是数据的载体。在通信系统中常用的有电信号、电磁信号、光信号等。按特征不同，可分为模拟信号和数字信号两种：模拟信号是一种连续变化的信号，如电视广播中的电磁波和话音信号；数字信号是一种离散的脉冲信号，如计算机通信所用的二进制代码1和0组成的信号。

3．信道

信道是指通信系统中用来传递信息的通道，是信息传输的媒介。按传输介质，可分为有线信道和无线信道；按传输信号类型，可分为模拟信道和数字信道；按使用权限，可分为专用信道和公用信道等。

4．带宽与数据传输速率

模拟信道的带宽是指该信号包含的各种不同频率成分所占据的频率范围，通常用每秒传送周期或赫兹（Hz）来表示。数字信道的带宽是指在数据通信的过程中单位时间内可传输的数据数量，表示在传输管道中可以传递数据的能力；通常用每秒可传输的二进制数据位数，即比特率（bps）表示信道传输能力。

5．误码率

误码率是二进制数据在传输中出错的概率，是衡量数据传输可靠性的指标。

6.1.3　计算机网络的传输介质

连接不同地理位置的计算机需要传输介质，这主要有双绞线、同轴电缆、光纤。

1．双绞线

双绞线是局域网中常用的传输介质，一般由两根绝缘铜导线相互缠绕而成，实际使用时，双绞线是由多对双绞线一起包在一个绝缘电缆套管里的，两端安装 RJ-45 连接器（水晶头）后，成为网线，其低成本、高速度和高可靠性受到用户的欢迎。

2．同轴电缆

同轴电缆，是由一层层的绝缘线包裹着中央铜导体的电缆线。它的特点是抗干扰能力好，传输数据稳定，价格也便宜，在通信系统中同样被广泛使用。

3．光纤

光纤是一种细小、柔韧并能传输光信号的介质，一根光缆中包含有多条光纤，其抗电磁干扰性极好，保密性强，速度快，损耗小，传输容量大，非常适合现代网络长距离和大容量信息传输的要求。

6.1.4　计算机网络的通信设备

计算机网络中的常见通信设备包括网卡、调制解调器、交换机、路由器等，使计算机网络具备了数据传输和交换的功能，是计算机网络的硬件基础设施。

1．网卡

网卡（NIC）又称网络适配器，是插入计算机主板总线插槽上的一个硬件设备，负责将计算机连接到网络中，功能是完成网络互联的物理层连接，属于数据链路层设备，同时具有数据链路层和物理层的功能，如图 6-1 所示。网卡都有一个 MAC 地址，又称物理地址，由十六进制数组成，共六个字节（48 位），具有全球唯一性。

2．调制解调器

调制解调器（Modem）是一个将数字信号与模拟信号进行相互转换的网络设备。它的一端连接计算机，另一端连接电话线接入电话网，通过互联网服务提供商接入互联网，不断地进行将计算机传递的数字信号转换成电话线能输出的模拟信号（调制），以及将电话线接收的模拟信号转换成计算机使用的数字信号（解调）的过程，如图 6-2 所示。

图 6-1   网卡

图 6-2   调制解调器

3．交换机

交换机（Switch）是一种用于大型网络中管理带宽的互联设备，如图 6-3 所示。交换机接收与存储某端口上的数据包，经处理后，将数据包传送到目的端口，而不是广播到所有端口，具有数据链路层功能。使用交换机提高了网络的实际传输效率和数据传输的安全性。

图 6-3 交换机

4．路由器

路由器（Router）是一个连接多个不同网络的网络设备，根据信道的情况自动选择和设定路由，以最佳路径，转发不同网络之间的数据，从而构成一个更大的网络，具有网络层的功能，如图 6-4 所示。

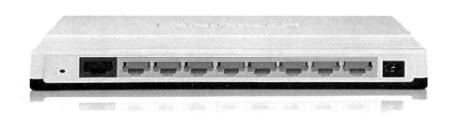

图 6-4 路由器

6.1.5　计算机网络的组成

计算机网络主要由计算机系统、数据通信系统、网络协议和网络软件四大要素组成，从而实现资源共享与数据通信两大基本功能。

（1）计算机系统是网络的基本模块，是被连接的对象，可以是巨型机、大型机、工作站或微机等，为网络内的其他计算机提供共享资源。

（2）数据通信系统是连接网络基本模块的桥梁，它提供各种连接技术和信息交换技术；计算机通信网络按逻辑功能可以分为资源子网和通信子网：资源子网主要负责全网的信息处理，为网络用户提供网络服务和资源共享功能等；通信子网主要负责全网的数据通信，为网络用户提供数据传输、转接、加工和变换等通信处理工作。不同类型的网络，其通信子网的物理组成各不相同。

（3）网络软件是网络的组织者和管理者，分为网络系统软件和网络应用软件两大类型：网络系统软件是控制和管理网络运行、提供网络通信、分配和管理共享资源的网络软件，包括网络操作系统、网络协议软件、通信控制软件等；网络应用软件则是为某一个应用目的而开发的网络软件，如远程教学软件，Internet 信息服务软件等。

（4）网络协议是通信双方必须共同遵守的约定和通信规则，常见的网络通信协议有 TCP/IP 协议、IPX/SPX 协议、NetBEUI 协议等。计算机网络在网络协议的支持下，为网络用户提供各种服务。

6.1.6　计算机网络的体系结构

为了使全球不同网络体系结构的用户能够相互交流，国际标准化组织机构（ISO），1984 年提出不同体系结构的计算机网络互联的标准框架，也就是开放系统互联参考模型（OSI/RM）。该体系结构将整个网络的通信功能划分为 7 个层次，从低到高分别为物理层、数据链路层、网络层、传输层、会话层、表示层和应用层，如图 6-5 所示。

7	应用层
6	表示层
5	会话层
4	传输层
3	网络层
2	数据链路层
1	物理层

图 6-5　OSI 参考模型

各层的功能概括如下。

（1）物理层：传输数据的单位是比特，提供为建立、维护和拆除物理链路所需的机械的、电气的、功能的和规程的特性；有关的物理链路上传输非结构的位流以及故障检测指示。

（2）数据链路层：在网络层实体间提供数据发送和接收的功能和过程；提供数据链路的流控。

（3）网络层：将传输层的数据封装成数据包，实现路由选择、用户控制、网络互联等功能。

（4）传输层：具有建立、维护和拆除传送连接的功能；选择网络层提供最合适的服务；为系统提供可靠的透明的数据传送服务。

（5）会话层：为通信双方建立、维护和结束会话连接的功能，为表示层提供会话管理服务。

（6）表示层：提供通用的数据格式，完成数据转换、格式化和文本压缩，保证通信双方识别数据。

（7）应用层：提供用户应用软件和网络间的接口服务，例如事务处理程序、文件传送协议和网络管理等。

OSI 参考模型每一层的功能都是由相应的网络协议完成的，但由于缺少相应协议的良好支持，因此 OSI 参考模型现在主要用于对网络的理解，在实际应用中，使用广泛的网络模型主要为 TCP/IP（互联网通信协议）网络模型，如图 6-6 所示。

4	应用层
3	传输层
2	互联网络层
1	网络接口层

图 6-6 TCP/IP 网络参考模型

各层的功能概括如下。

（1）网络接口层：对应 OSI 参考模型的物理层和数据链路层，定义如何使用实际网络来传输数据。

（2）互联网络层：对应 OSI 参考模型中的网络层，该层定义了四个主要协议：网际协议（IP）、地址解析协议（ARP）、互联网组管理协议（IGMP）和互联网控制报文协议（ICMP）。

（3）传输层：对应 OSI 参考模型的传输层，该层定义了两个主要的协议：传输控制协议（TCP）和用户数据报协议（UDP）。

（4）应用层：对应 OSI 参考模型的会话层、表示层和应用层，为用户提供简单电子邮件传输（SMTP）、文件传输协议（FTP）、网络远程访问协议（Telnet）等服务。

6.1.7 计算机网络的分类

由于计算机网络的自身特点，至今没有标准的分类方法，按照地理覆盖范围分类和拓扑结构分类是两种重要的分类方法。

（1）按覆盖地域范围的大小，计算机网络可分为局域网、广域网和城域网。

局域网（Local Area Network，LAN）是指在某一局部区域内由多台计算机组成的网络，可以存在于一个房间、一栋大楼、一所学校等几千米的范围内。

广域网（Wide Area Network，WAN）也称远程网（Long Haul Network）。通常所覆盖的范围从几十千米到几千千米，它能连接多个城市或国家，或横跨几个洲并能提供远距离通信，形成国际性的远程网络。

城域网（Metropolitan Area Network，MAN）是在一个城市范围内所建立的计算机通信网。它介于局域网和广域网之间，它的一个重要用途是用作骨干网，通过它将位于同一城市内不同地点的主机、数据库，以及 LAN 等互相连接起来。

（2）将计算机网络设备与传输介质之间的物理连接方式，抽象为几何图形称为计算机网络的拓扑结构，常见的拓扑结构有以下 5 种，如图 6-7 所示。

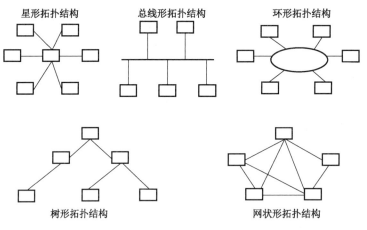

图 6-7　常见的拓扑结构

（1）星形拓扑结构。

各节点通过点到点的链路与中心节点相连，优点是容易在网络中增加新的站点，便于网络监控，任一个根线路损坏不会对整个网络造成大的影响；缺点是过分依赖中心节点，一旦其出现故障，整个网络会瘫痪。

（2）总线形拓扑结构。

所有节点连接在一根传输总线上，各节点地位平等，无中心节点控制，优点是结构简单，可靠性高，安装容易；缺点是故障诊断困难，实时性较差。

（3）环形拓扑结构。

节点通过点到点通信线路连接成环路，数据沿一个方向逐站传送，优点是结构简单，传输延时确定，实时性较好，缺点是任何一个节点故障将引起整个网络瘫痪，故障诊断困难。

（4）树形拓扑结构。

从总线形和星形结构演变而来，形状像一颗倒置的树，其优点是易于扩展，故障易隔离，可靠性高，缺点是对根的依赖性太大，如果根出现故障将使整个网络无法工作。

（5）网状形拓扑结构。

各网络节点与通信线路连接成不规则的形状，每个节点至少与其他两个节点相连，优点是可靠性高，减少延时，改善流量分配，缺点是结构复杂，不易管理和维护，线路成本高。

任务 6.2　互联网的基础知识

6.2.1　互联网的概念

互联网是由分散在世界各国的成千上万个网络通过特定的网络协议互联起来的超级计算机网络，是提供信息资源查询和共享的全球最大的信息资源平台。

　　Internet 最初的宗旨是用于支持教育和科研活动，不是为商业性和广泛使用而设计的。它起源于 1969 年美国国防部高级研究计划署协助开发的 ARPANET，只允许国防部人员进入的封闭式网络。在 1987 年美国国家科学基金会的推动下，形成从军事用途转向科学研究和民事用途的 NSFNET，才将网络改名为 Internet。

　　Internet 非国家、单位或个人所独有，因众多组织和个人的积极参与，成为世界性的信息共享系统，使上网阅读新闻、观看视频，欣赏音乐，采购商品、发送电子邮件等活动成为了我们的日常生活。

6.2.2　接入互联网方式

　　互联网服务商（ISP）是专门为用户提供 Internet 信息服务的公司和机构，使用户通过电话线、局域网、无线方式将计算机接入互联网。ADSL（非对称数字用户线）和 ISDN（综合业务数据网）是目前使用较多的互联网接入方式。

　　当用户向 ISP 申请入网时，ISP 会给用户提供用户账号和密码，以下展示单台计算机通过 ADSL 连接 Internet 的步骤。

　　（1）单击"开始"按钮，选择"控制面板"选项，单击"网络和共享中心"，打开"网络和共享中心"窗口，如图 6-8 所示。

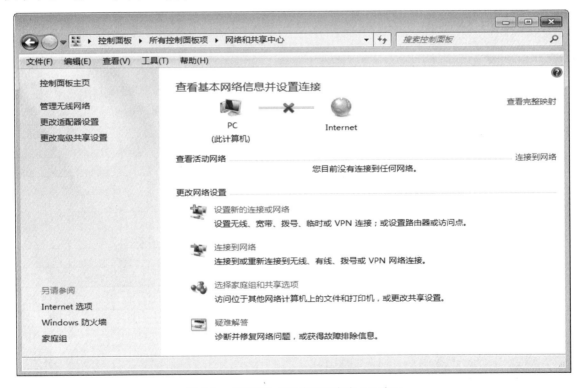

图 6-8　未联网的"网络和共享中心"窗口

　　（2）选择"设置新的网络连接或网络"选项，打开"设置连接或网络"向导窗口，选择"连接到网络"，如图 6-9 所示。

　　（3）Windows7 根据计算机所连接的设备，自动推荐连接方式，如图 6-10 所示。

　　（4）当选择宽带连接时，出现如图 6-11 所示界面，输入运营商提供的用户名、密码等选项后，单击"连接"按钮，等待连接成功即可上网，此时"网络和共享中心"如图 6-12 所示。

图 6-9　网络连接类型

图 6-10　选择连接类型

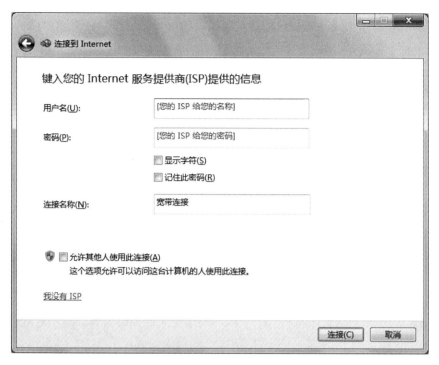

图 6-11　输入 ISP 信息

图 6-12　已联网的"网络和共享中心"

6.2.3　TCP/IP 协议的工作原理

TCP/IP 协议（Transmission Control Protocol/Internet Protocol）是传输控制协议/网际协议，又

称为网络通信协议，其中 IP 协议保证数据的传输，TCP 协议保证数据传输的质量。

TCP/IP 协议源于美国的 ARPANET，其主要目的是提供与底层硬件无关的网络之间的互联，它不是单纯两个协议的合称，而是一组通信协议的集合，包括上百个各种功能的协议，如：远程登录、文件传输和电子邮件等，是网络中最基本的通信协议。

在 TCP/IP 通信体系中，通信双方均使用 TCP/IP 通信协议及相应的应用程序。客户机应用程序将来自客户机高层的信息代码按一定的标准格式转化，并将其传输到传输控制协议层（TCP）。当信息代码传输至客户机的传输控制协议层后，通过 TCP 协议将应用程序信息分解打包。随后，TCP 程序将这些包发送给处于其下一级的 Internet 协议（IP）层。在 IP 层，IP 程序将收到的数据包装成 IP 包，然后通过 IP 协议、IP 地址及 IP 路由将信息发送给与之通信的另一台计算机。对方 IP 程序收到所传输的 IP 包后，剥去 IP 包头，将包中数据上传给 TCP 协议层，TCP 程序剥去 TCP 包头，取出数据，传送给服务器的应用程序。这样，通过 TCP/IP 就实现了双方的通信。反过来，服务器发送信息给客户机的过程与上述过程类似。

6.2.4　IP 地址

在 Internet 上的每台网络设备都要有一个唯一的地址才能被访问到，这个地址就是 IP 地址。

根据 IPv4 协议制定的 IP 地址，由 32 位的二进制数值构成，用 4 个字节表示，每个字节的数字可以用十进制表示，每个字节的十进制数是 0～255，转化后用点分隔。

例如，在 Internet 的某台计算机的 IP 地址二进制形式为：11001010 01101100 00010110 00000101

转换为十进制形式为：202.108.22.5

如果要查看某台计算机的 IP 地址，具体步骤如下。

（1）点击桌面状态栏的网络图标 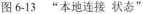，打开网络和共享中心。

（2）单击本地连接，进入本地连接状态，如图 6-13 所示，单击详细信息，即可查看 IP 地址，如图 6-14 所示。

图 6-13　"本地连接 状态"　　　　图 6-14　查看 IP 地址

每个 IP 地址都可以分为网络标志和主机标志两个部分。网络标志表示该主机所在的网络，根据网络规模和应用的不同分为 A、B、C、D 和 E 这 5 类；主机标志表示该网络中的一台主机，只要两台主机具有相同的网络号，无论它们物理位置怎样，都属于同一逻辑网络。

常见 A、B、C 三类 IP 地址使用范围如表 6-1 所示。

表 6-1

网络类型	可用 IP 地址范围	最大网络数	每个网络中的最大主机数
A 类	1.0.0.1～126.255.255.254 （第一位网络号，后三位主机名）	126	16777214
B 类	128.0.0.1～191.255.255.254 （前两位网络号，后两位主机名）	16382	65534
C 类	192.0.0.1～223.255.255.254 （前三位网络号，最后一位主机名）	2097150	254

在实际使用 IP 地址时，会遇到网络数量不够的问题，这时可以将主机标志的部分地址作为子网编号，剩余主机标志作为相应子网的主机标志部分，这样 IP 地址就划分为网络、子网、主机三部分。

要确定 IP 地址中的子网地址和主机地址，需要采用子网掩码技术，子网掩码是一个与 IP 地址结构相同的 32 位二进制数字，也可用点分十进制标志，作用是屏蔽 IP 地址的一部分，以达到区分网络地址和主机地址的目的。默认情况下，A、B、C 三类子网掩码分别是 255.0.0.0、255.255.0.0 和 255.255.255.0。

所有 IP 地址都由国际组织 NIC（Network Information Center）负责统一分配，目前全世界共有三个这样的网络信息中心，InterNIC 负责美国及其他地区；ENIC 负责欧洲地区；APNIC 负责亚太地区。

当前 IPv4 地址已几乎耗尽，与数量巨大的网络用户不相称，阻碍了物联网等网络技术的使用，因此由 IETF（互联网工程任务组）设计的长度为 128 位的 IPv6 地址，正在逐渐替代 IPv4 地址，以解决网络地址资源有限的问题，保障网络的安全，促进网络的健康发展。

6.2.5 DNS 域名

DNS 域名是 Internet 上识别和定位计算机的层次结构式的字符标志，与该计算机的互联网协议 IP 地址相对应，由一串用点分隔的英文字母和数字构成，方便记忆。

以百度域名为例，www.baidu.com 网址由两部分组成，baidu 是域名的主体，com 是域名的后缀，代表一个工商企业的国际域名。前面的 www 是网络名，为 www 服务器域名。

1．域名的基本类型

（1）顶级域名

一是国家顶级域名，如中国是 cn、美国是 us、英国是 uk、法国是 fr、日本是 jp、韩国是 kr 等。

二是国际顶级域名，如 com 表示工商企业、net 表示网络提供商、org 表示非盈利组织、edu 表示教育机构、gov 表示政府部门、mil 表示军事机构、rec 表示娱乐机构、store 表示商业销售机构等。

（2）二级域名

二级域名是指顶级域名之下的域名，在国际顶级域名下，它是指域名注册人的网上名称，如 taobao、yahoo、microsoft 等；在国家顶级域名下，它是表示注册企业类别的符号，如 com、edu、gov、net 等。

（3）三级域名

三级域名用字母（A～Z，a～z，大小写等）、数字（0～9）和连接符（—）组成。如无特殊原因，建议采用申请人的英文名（或者缩写）或者汉语拼音名（或者缩写）作为三级域名，以保持域名的清晰性和简洁性。

2．域名服务的工作原理

域名服务在 Internet 上中发挥着关键作用，浏览万维网，发送电子邮件、传输文件等基本服务都需要进行 IP 地址和域名的转换过程，也就是域名解析。域名解析包括正向解析（从域名到 IP 地址）和逆向解析（从 IP 地址到域名），它由域名系统实现。在 Internet 中，执行将域名与 IP 地址转换的主机称为域名服务器。

域名服务采用客户/服务器工作模式，经历以下几个步骤。

第一步，客户机提出域名解析请求，并将该请求发送给本地的域名服务器。

第二步，当本地的域名服务器收到请求后，就先查询本地的缓存，如果有该记录项，则本地的域名服务器就直接把查询的结果返回。

第三步，如果本地的缓存中没有该记录，则本地域名服务器就直接把请求发给根域名服务器，然后根域名服务器再返回给本地域名服务器一个所查询域的主域名服务器的地址。

第四步，本地服务器再向上一步返回的域名服务器发送请求，然后接收请求的服务器查询自己的缓存，如果没有该记录，则返回相关的下级的域名服务器的地址。

第五步，重复第四步，直到找到正确的记录。

第六步，本地域名服务器把返回的结果保存到缓存，以备下一次使用，同时还将结果返回给客户机。

任务 6.3　Internet Explorer 的应用

6.3.1　浏览网页的相关概念

1．万维网

万维网（Word Wide Web，WWW），简称 Web，是基于超文本（包含文本信息、图形、声音、图像和视频等多媒体信息）的信息查询和信息发布的系统，也是 Internet 上最常使用的功能。Internet 上大多数网站域名都有这个标志，用户可以通过 Web 浏览器实现信息浏览。

万维网以客户/服务器方式工作，客户程序向服务器程序发出请求，服务器程序向客户程序返回客户所要的万维网文档。在一个客户程序主窗口中显示的万维网文档成为页面（Page）。

2．统一资源定位符

统一资源定位符（URL）也称网页地址，用来标志万维网中页面和资源，一般格式为：协议://IP 地址或域名/路径/文件名。

3. 超文本传输协议

超文本传输协议（HTTP）是从 WWW 服务器传输超文本到本地浏览器的传输协议，它不仅保证计算机正确快速地传输超文本文档，还确定传输文档中的哪一部分，以及哪部分内容首先显示（如文本先于图形）等。

4. 超文本标记语言

超文本标记语言（HTML）是一种用于创建网页文档的简单标记语言，使用 HTML 标记和元素创建的文档就是 HTML 文档，此类文档以 htm 或 html 作为扩展名保存在 Web 服务器上。

5. 网页与网站

网页是构成万维网的基本单位，网页中包含的超链接，通过已经定义好的关键字和图形，只需鼠标轻轻一点，就可自动跳转到相应的其他文件，获得相应的信息。网站就是 Internet 上根据一定规则，使用 HTML 等制作的用于展示特定内容的相关网页集合，多数网站由域名、空间服务器、DNS 域名解析、网站程序、数据库等组成。

6.3.2 Internet Explorer **简介和使用**

浏览器是 Web 客户端程序，用于获取 Internet 的信息资源，Internet Explorer（IE 浏览器）是微软公司推出的一款 Web 浏览器。在 Windows 7 系统下，安装的最新 IE 浏览器版本是 Internet Explorer 11，下面介绍该版本的内容。

1. 设置主页

（1）启动 IE 浏览器，方法有从开始菜单中选择所有程序，单击 Internet Explorer 命令，或者单击桌面任务栏 IE 浏览器图标、或者双击桌面 Internet Explorer 快捷方式。IE 浏览器窗口如图 6-15 所示。

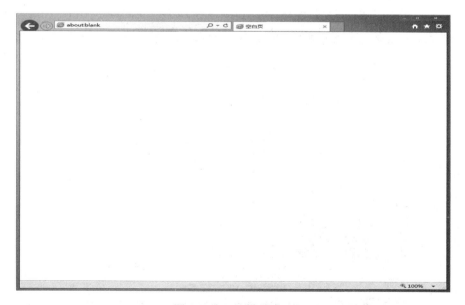

图 6-15 IE 浏览器窗口

（2）单击页面右上角的工具按钮，在弹出的快捷菜单中执行"Internet 选项"→"常规"命令，在"主页"输入网页地址，单击"确定"按钮，即可使用户在启动 IE 浏览器后立即访问最想要的网站，如图 6-10 所示。

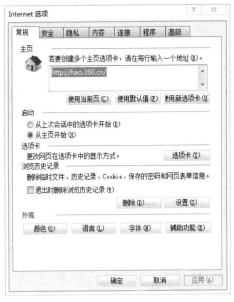

图 6-16 "Internet"选项对话框

2．浏览网页

（1）从开始菜单中执行所有程序→Internet Explorer 命令，启动 IE 浏览器，或者双击桌面 Internet Explorer 快捷方式。

（2）在 IE 浏览器地址栏中输入要浏览的网站地址，例如网易网站地址： www.163.com，按 Enter 键即可打开网易网站，如图 6-17 所示。

图 6-17 网易网站主页

（3）在打开的页面中，包含有指向其他页面的超链接，任意单击可打开该超链接所指向的网页，进行详细的浏览。

（4）在打开网页工具栏，单击"停止"按钮，可以中断当前网页的传输，单击"刷新"按钮，可以重新开始被中断的网页传输；单击"后退"按钮查看刚才的网页；单击"前进"按钮查看单击"后退"按钮前的网页。

3．收藏网页

（1）打开要收藏的网页，单击页面右上角的"查看收藏夹、源和历史记录"按钮，在展开的任务窗格中单击"添加到收藏夹"按钮，如图 6-18 所示。

（2）在弹出的"添加收藏"对话框中输入要保存的网页名称，选择创建位置，单击 "添加"按钮，即可将网页添加到收藏夹中。

图 6-18　添加收藏夹

4．保存网页

（1）打开要保存的网页，单击页面右上角的工具按钮，在弹出的快捷菜单中选择"文件"→"另存为"选项，如图 6-19 所示。

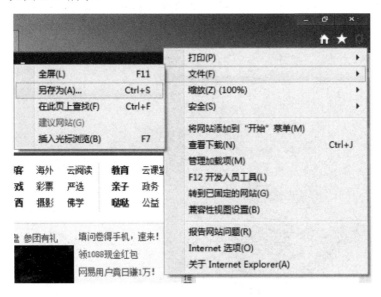

图 6-19　"另存为"选项

（2）在弹出的"保存网页"对话框中，选择保存路径，设置文件名，选择保存类型，单击"保存"按钮，即可保存网页内容，如图 6-20 所示。

5．保存图片

（1）将鼠标指针指向要保存的图片并右击，在弹出的快捷菜单中执行"图片另存为"命令，如图 6-21 所示。

（2）在弹出的"保存图片"对话框中，选择保存路径，设置图片文件名，选择保存类型，单击"保存"按钮，即可保存图片。

图 6-20　保存网页

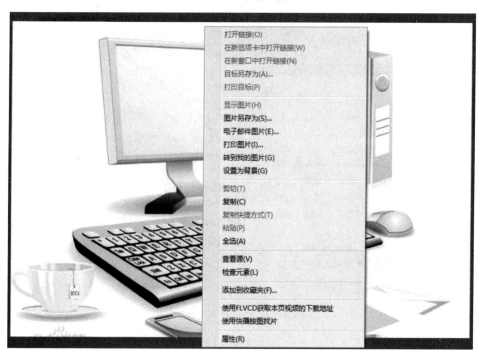

图 6-21　保存图片

6. 删除浏览的历史记录

（1）单击页面右上角的工具按钮，在弹出的快捷菜单中执行"Internet 选项"命令。

（2）在弹出的"Internet 选项"对话框中选择"常规"选项，在弹出的对话框中，单击删除按钮，在弹出的"删除浏览历史记录"对话框中选择删除的项目，如图 6-22 所示，单击"确定"按钮，即可将网页浏览记录删除，保护隐私。

图 6-22　"删除浏览历史记录"对话框

任务 6.4　电子邮件

6.4.1　E-mail 概述

电子邮件（E-mail）服务是一种用电子手段提供信息交换的通信方式，是 Internet 上使用最频繁的服务之一，人们可以随时随地收发信件，效率极高，给生活和工作带来很大便利。

电子邮件的收发涉及两个服务器，一个是用来发送电子邮件的，遵循简单邮件传输协议（SMTP 协议）的发送邮件服务器，称为 SMTP 服务器；另一个是用来接收电子邮件，遵循电子邮局协议（POP3 协议）的接收邮件服务器，称为 POP3 服务器。

电子邮件的工作原理就是发送方通过邮件客户程序，将编辑好的邮件向 SMTP 服务器发送，它识别接收者的地址后向管理该地址的 POP3 服务器发送消息。POP3 服务器将消息存放在接收者的电子信箱内，当接收者通过邮件客户程序连接到 POP3 服务器后，就会看到有新邮件到来的通知，进而打开自己的电子信箱来查收邮件，如图 6-23 所示。

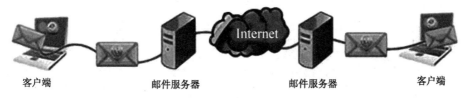

客户端　　　　　　邮件服务器　　　　　　邮件服务器　　　　　客户端

图 6-23　电子邮件工作原理

每一份电子邮件的发送方和接收方都需要知道对方的电子邮件地址，它的格式是 user@mailserver，@是分隔符，@前面的部分是用户名，@后面的部分是邮件服务器域名，我们使用电子邮件，首先必须选择邮件服务器，注册电子邮箱。

当前国内常用的电子邮箱服务商主要是网易邮箱、QQ 邮箱、新浪邮箱、搜狐邮箱等。基于网页的电子邮件收发需要登录到相关的网站，输入账号和密码，在网页上收发邮件。

注册电子邮箱需要进入邮件服务器商网站的首页，这里以申请网易 163 邮箱发送为例，操作步骤如下。

（1）打开 IE 浏览器，进入网易首页，点击注册免费邮箱，进入注册页面，如图 6-24 所示。

图 6-24　电子邮件注册页面

（2）按照个人需要选择注册字母邮箱、手机号邮箱或者 VIP 邮箱，然后填写信息。注意邮件地址必须是唯一的，否则页面会提示该邮件地址已被注册；同时输入密码要注意强度的变化，依次为弱、中等、强，建议用字母、数字和特殊符号的组合密码，达到强。

（3）信息输入确认无误后，单击"立即注册"按钮，即可进入注册成功的邮箱界面。

（4）在邮箱界面点击写信，进入写信页面，收件人文本框可添加多个邮箱地址，地址之间需要用英文分号隔开，主题：邮件内容的标题，不写主题也可以发送邮件，为方便收件人查收邮件，建议填写主题。添加附件：单击该链接，可以选择所需要的文件，最大为3GB。邮件内容：输入文字后，可单击工具栏上的按钮对文本进行设置，如图6-25所示。

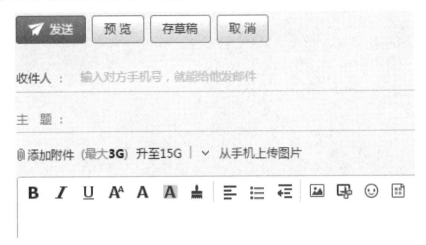

图6-25 电子邮件写信页面

（5）邮件编辑完毕后，单击"发送"按钮即可。

6.4.2 Outlook 2010 **的基本设置**

当我们拥有多个不同电子邮箱时，除了登录到相应网站的电子邮箱收发电子邮件外，也可以通过 Outlook 客户端软件对多个电子邮箱进行管理收发电子邮件。Outlook 是 Microsoft Office 套装软件的组件之一，功能很多，可以用它来收发电子邮件、管理联系人信息、记日记、安排日程、分配任务。

（1）从开始菜单中执行"所有程序"→"Microsoft Office"→"Microsoft Outlook 2010"命令，启动 Outlook 2010。第一次使用时会出现启动向导界面，如图6-26所示，单击"下一步"按钮进入"账户配置"，如图6-17所示，选择"是"配置电子邮件账户。

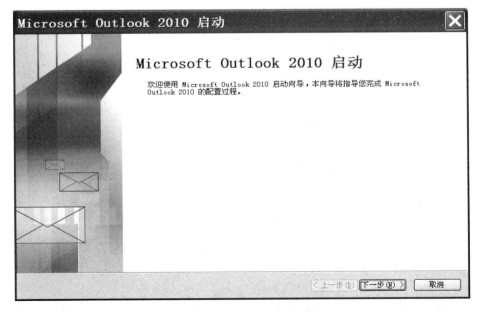

图6-26 Outlook 2010 启动向导界面

图 6-27　Outlook 2010 账户配置

（2）出现添加新账户对话框，选择电子邮件账户选项，在其中输入姓名，电子邮件地址和电子邮件的密码，如图 6-28 所示。

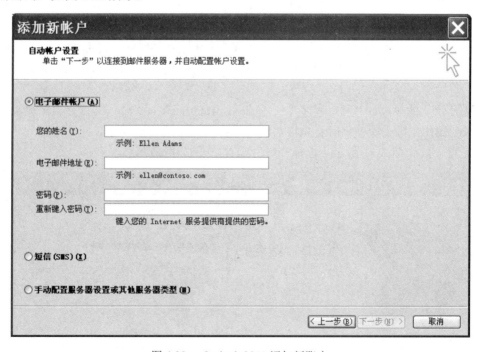

图 6-28　Outlook 2010 添加新账户

（3）单击"下一步"按钮，进行联机搜索服务器设置，成功后单击"完成"即可进入 Outlook，如图 6-29 所示。

（4）如果还需添加多个不同的电子邮件账户，在 Outlook 中，选择"文件"选项卡，在"账户信息"下，选择"添加账户"，在"自动账户设置"页面上，输入姓名、电子邮件地址和密码，然后单击"下一步"按钮，配置成功后单击"完成"按钮。

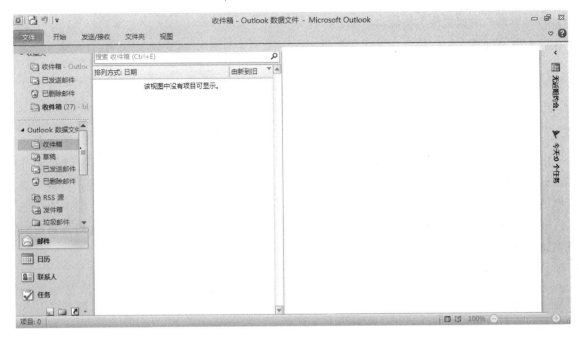

图 6-29　Outlook 2010 收件箱界面

（5）单击"新建电子邮件"，如图 6-30 所示，或者按 Ctrl+N 组合键。

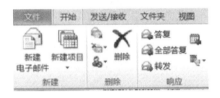

图 6-30　新建电子邮件

（6）在邮件界面如图 6-31 所示，在"主题"框中，输入邮件的主题。在"收件人""抄送"框中输入收件人的电子邮件地址或名称。用分号来分隔多个收件人。若要从"通讯簿"列表中选择收件人的名称，请单击"收件人""抄送"，然后单击所需的名称。

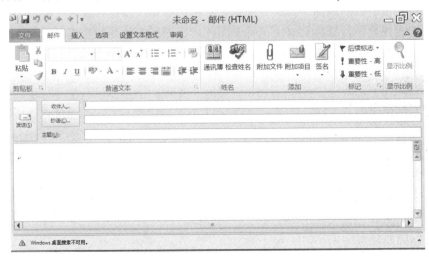

图 6-31　邮件编辑界面

（7）单击"附加文件"按钮，可添加附件。

（8）编辑邮件完毕，单击"发送"按钮。

任务 6.5　搜索引擎

Internet 上的信息与日俱增，浩如烟海，想快速查找所要的信息方法主要是使用搜索引擎（Search Engine）。搜索引擎是指根据一定的策略、运用特定的计算机程序从互联网上搜集信息，在对信息进行组织和处理后，为用户提供检索服务，将用户检索相关的信息展示给用户的系统。国内常用的搜索引擎有百度搜索、谷歌搜索、搜狗搜索、必应搜索等，其中百度搜索引擎是全球最大的中文搜索引擎，下面以它为例，进行搜索资料。

1．基本搜索

（1）打开 IE 浏览器，在地址栏内输入"http://www.baidu.com/"后按 Enter 键，就会显示百度搜索页面，如图 6-32 所示。

图 6-32　百度主页

（2）如果在百度搜索框中输入"全国计算机等级考试"，单击"百度一下"按钮，自动跳转到网页类的搜索结果，如图 6-33 所示。点击搜索结果网页中相应的链接，可以进入相应搜索结果网站查看详细信息。

（3）百度搜索可以按照新闻、网页、贴吧、知道、音乐、图片、视频、地图、文库等分类来搜索，如果只想查找全国计算机等级考试证书图片，可以单击"图片"选项，输入关键字"全国计算机等级考试证书"，搜索结果为相关的图片，如图 6-34 所示。

2．高级搜索

在百度搜索结果页面右上端，单击 "设置"里的"高级搜索"，即可进入高级搜索页面，如图 6-35 所示。

在高级搜索页面，可以限定搜索结果包含的关键词、网页时间、网页格式、关键词位置以及指定网站的条件，方便精确查找。

（1）如果在"包含以下的完整关键词"文本框中输入"全国计算机等级考试"，在关键词位置选择"仅网页的标题"中，单击"百度一下"按钮，可以得到以 "全国计算机等级考试"作为一个整体网页标题的搜索结果，如图 6-36 所示。

图 6-33　搜索网页结果

图 6-34　搜索图片结果

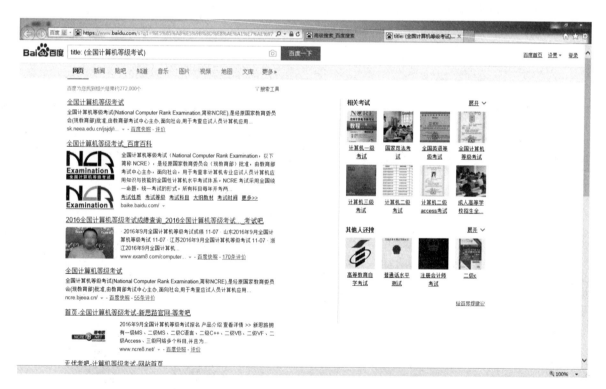

图 6-35　高级搜索页面

图 6-36　搜索结果

（2）如果在"包含以下的全部关键词"文本框中输入"全国计算机等级考试"，在文档格式中选择"微软 Word（.doc）"，单击"百度一下"按钮，可以得到网页格式为.doc 类型的全国计算机等级考试 Word 文档，如图 6-37 所示。

图 6-37　搜索结果

项目训练

一、问答题

1. 什么是计算机网络？计算机网络由哪些要素组成？
2. 计算机网络有哪些拓扑结构？
3. 简述计算机网络的 OSI 参考模型。
4. IP 地址和域名有什么关系。
5. 简述 TCP/IP 协议。

二、实践题

1. 启动 IE 浏览器，在地址栏分别输入网易（http://www.163.com/）、新浪教育（http://edu.sina.com.cn/）、中国高校教育（http://www.gaoxiao.org.cn/）的地址，将这三个网站网页分别保存到收藏夹。

2. 启动 IE 浏览器，使用百度搜索引擎查找最新的全国计算机等级考试大纲，并下载到本地保存。

3. 登录网易首页，免费申请注册个人邮箱。

4. 使用 Outlook 2010，写一封邮件，并添加附件，发送电子邮件。

主题：我的第一封邮件

正文内容如下。

老师好！

　　这是我的第一封邮件。

　　附件是我的照片。

项目 7 信息技术新发展

信息技术正在向着与人类大脑高度相似的方向进化，它将拥有具备自己的视觉、听觉、触觉、感觉神经系统和中枢神经系统。在信息技术进化过程中涌现出许多新技术，其中最有代表性的是物联网、大数据和云计算。物联网是互联网大脑的感觉和运动神经系统，大数据是互联网智慧和意识产生的基础，云计算则是互联网大脑的中枢神经系统。本项目将对物联网、大数据和云计算分别做一个简单的介绍。

任务 7.1 物联网

物联网对应了互联网的感觉和运动神经系统。这是因为物联网重点突出了传感器感知的概念，同时也具备网络线路传输，信息存储和处理及行业应用接口等功能，能够与互联网共用服务器、网络线路和应用接口连接，使人与人、人与物、物与物之间的交流变成可能，最终将使人类社会、信息空间和物理世界（人、机、物）融合为一体。

7.1.1 物联网的概念

物联网（Internet of Things，IOT）是基于互联网、传统电信网等信息载体，使所有能够被寻址的普通物理对象实现互联互通的网络。物联网是新一代信息技术的重要组成部分，也是信息化时代的重要发展阶段。

最初在 1999 年提出了物联网的定义：物联网就是通过射频识别（RIFD）、红外感应器、全球定位系统、激光扫描器、气体感应器等信息传感设备，按约定的协议，把任何物品与互联网连接起来，进行信息交换和通信，以实现智能化识别、定位、跟踪、监控和管理的一种网络，如图 7-1 所示。

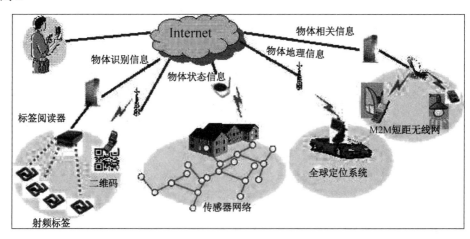

图 7-1 物联网示意图

简言之，物联网就是物物相连的互联网，这里有以下两层含义。

（1）物联网的核心和基础仍然是互联网，是在互联网基础上的延伸和扩展的网络。

（2）物联网的用户端延伸和扩展到了任何物品与物品之间，进行信息交换和通信，也就是物物相连。

物联网通过智能感知、识别技术与普适计算等通信感知技术，广泛应用于网络的融合中，因此被称为是继计算机、互联网之后世界信息产业发展的第三次浪潮。物联网是互联网的应用拓展，与其说物联网是网络，不如说物联网是业务和应用。因此，应用创新是物联网发展的核心，以用户体验为核心的创新 2.0 是物联网发展的灵魂。

物联网的问世打破了之前的传统思维。过去一直将物理基础设施和 IT 基础设施分开，一方面是机场、公路、建筑物等，另一方面是数据中心、个人电脑、宽带等。现在到了物联网时代，钢筋混凝土、商品、电缆与芯片、宽带整合为统一的基础设施。在这种意义上来说，基础设施更像是一个新的智慧地球，而物联网则是智慧地球的有机组成部分。

根据国际电信联盟的描述，通过在各种各样的日常用品上嵌入一种短距离的移动收发器，人类在信息与通信的世界将获得一个新的沟通维度，从任何时间、任何地点人与人之间的沟通和连接扩展到任何时间、任何地点人与人、人与物、物与物之间的沟通和连接。

7.1.2 物联网的起源和发展

物联网的实践最早可以追溯到 1990 年施乐公司的网络可乐贩售机——Networked Coke Machine。1995 年微软公司创始人比尔·盖茨在其《未来之路》一书中也曾提及物联网，但未引起广泛重视。

1999 年美国麻省理工学院（MIT）的 Kevin Ash-ton 教授首次提出物联网的概念。同年美国麻省理工学院建立了自动识别中心，提出"万物皆可通过网络互联"，阐明了物联网的基本含义。早期的物联网是依托射频识别技术的物流网络，随着技术和应用的发展，物联网的内涵已经发生了较大变化。

2003 年美国《技术评论》提出传感网络技术将是未来改变人们生活的十大技术之首。

2004 年日本总务省（MIC）提出 U-Japan 计划，该战略力求实现人与人、物与物、人与物之间的连接，希望将日本建设成一个随时、随地、任何物体、任何人都可以连接的泛在网络社会。

2005 年 11 月 17 日，在突尼斯举行的信息社会世界峰会上，国际电信联盟（ITU）发布《ITU互联网报告 2005：物联网》，引用了"物联网"的概念。物联网的定义和范围已经发生了变化，覆盖范围有了较大的拓展，不再只是指基于 RFID 技术的物联网。

2006 年韩国确立了 U-Korea 计划，该计划旨在建立无所不在的社会，在民众的生活环境里建设智能型网络和各种新型应用，让民众可以随时随地享有科技智慧服务。2009 年韩国通信委员会出台了《物联网基础设施构建基本规划》，将物联网确定为新增长动力，提出到 2012 年实现"通过构建世界最先进的物联网基础实施，打造未来广播通信融合领域超一流信息通信技术强国"的目标。

2008 年后，为了促进科技发展，寻找经济新的增长点，各国政府开始重视下一代的技术规划，将目光放在了物联网上。同年 11 月在北京大学举行的第二届中国移动政务研讨会"知识社会与创新 2.0"提出移动技术、物联网技术的发展代表着新一代信息技术的形成，并带动了经济社会形态、创新形态的变革，推动了面向知识社会的以用户体验为核心的下一代创新（创新 2.0）形态的形成，创新与发展更加关注用户、注重以人为本，而创新 2.0 形态的形成又进一步推动新一代信息技术的健康发展。

2009 年欧盟执委会发表了欧洲物联网行动计划，描绘了物联网技术的应用前景，提出欧盟政府要加强对物联网的管理，促进物联网的发展。

2009 年 1 月 28 日，奥巴马就任美国总统后，与美国工商业领袖举行了一次圆桌会议，作为仅有的两名代表之一，IBM 首席执行官彭明盛首次提出智慧地球这一概念，建议新政府投资新一代的智慧型基础设施。当年，美国将新能源和物联网列为振兴经济的两大重点。

2009 年 2 月 24 日，2009 IBM 论坛上，IBM 大中华区首席执行官钱大群公布了名为"智慧的地球"的最新策略。这个概念一经提出，便得到美国各界的高度关注，甚至有分析认为 IBM 公司的这一构想极有可能上升至美国的国家战略，并在世界范围内引起轰动。

今天，"智慧地球"战略被美国人认为与当年的"信息高速公路"有许多相似之处，同样被他们认为是振兴经济、确立竞争优势的关键战略。这个战略能否掀起如当年互联网革命一样的科技和经济浪潮，不仅为美国关注，更为世界所关注。

2009 年 8 月，时任国务院总理温家宝在"感知中国"的讲话中把我国物联网领域的研究和应用开发推向了高潮，无锡市率先建立了"感知中国"研究中心，中国科学院、运营商和多所大学在无锡建立了物联网研究院，无锡市江南大学还建立了全国首家实体物联网工厂学院。物联网被正式列为国家七大新兴战略性产业之一，并写入了政府工作报告，物联网在中国受到了全社会极大的关注，其受关注程度是在美国、欧盟及其他各国不可比拟的。

物联网的发展进程如图 7-2 所示。

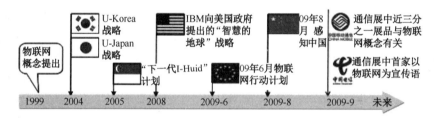

图 7-2　物联网的发展进程

物联网的概念已经是一个"中国制造"的概念，它的覆盖范围与时俱进，已经超越了 1999 年 Ashton 教授和 2005 年 ITU 报告所指的范围，物联网已被贴上中国式标签。

欧洲智能系统整合平台的报告《Internet of Things in 2020》中分析预测，物联网将来的发展将经历 4 个阶段：2010 年之前射频识别被广泛应用于物流、零售和制药领域；2010~2015 年为物体互联阶段；2015~2020 年物体将进入半智能化阶段；2020 年之后物体将进入全智能化阶段。

7.1.3　物联网技术架构

物联网作为一种形式多样的聚合性复杂系统，涉及了信息技术自上而下的每一个层面，其技术架构一般可以分为感知层、网络层和应用层 3 个层面。

1. 感知层

感知层由数据采集子层、短距离通信技术和协同信息处理子层组成。数据采集子层通过各种类型的传感器获取物理世界中发生的物理事件和数据信息，如各种物理量、标识、音视频多媒体数据。物联网的数据采集涉及传感器、射频识别、多媒体信息采集、二维码和实时定位等技术。短距离通信技术和协同信息处理子层将采集到的数据在局部范围内进行协同处理，以提高信息的精度，降低信息冗余度，并通过具有自组织能力的短距离传感网接入广域承载网络。感知层中间件技术旨在解决感知层数据与多种应用平台间的兼容性问题，包括代码管理、服务管理、状态管理、设备管理、时间同步、定位等。

2．网络层

网络层由各种私有网络、互联网、有线网络和无线通信网、网络管理系统和云计算平台等组成，相当于人的神经和大脑，负责传递和正理感知层获取的信息。网络层将来自感知层的各类信息通过基础承载网络传输到应用层，包括移动通信网、互联网、卫星网、广电网、行业专网及形成的融合网络等。根据应用需求，可以作为透传的网络层，也可以升级以满足未来不同内容传输的要求。

经过 10 余年的快速发展，移动通信、互联网等技术已比较成熟，在物联网的早期阶段基本能够满足物联网中数据传输的需要。网络层主要关注来自于感知层的、经过初步处理的数据经由各类网络的传输问题。这涉及智能路由器、不同网络传输协议的互通、自组织通信等多种网络技术。

3．应用层

应用层是物联网与用户（包括人、组织和其他系统）的接口，它与行业需求结合、实现物联网的智能应用。应用层负责解决数据如何存储（数据库与海量存储技术）、如何检索（搜索引擎）、如何使用（数据挖掘和机器学习）、如何不被滥用（数据安全和隐私保护）等问题。应用层主要包括服务支撑层和应用子集层。物联网的核心功能是对信息资源进行采集、开发和利用。服务支撑层的主要功能是根据底层采集的数据，形成与业务需求相适应、实时更新的动态数据资源库。

公共技术不属于物联网技术的某个特定层面，而是与物联网技术架构的三层都有关系，它包括标识与解析、安全技术、网络管理和服务质量（QoS）管理等内容。

7.1.4　自动识别技术

自动识别技术是物联网建设的重要环节。自动识别技术融合了物理世界和信息世界，是物联网区别于其他网络（如电信网、互联网）最独特的部分。自动识别技术可以对每个物品进行标识和识别，并可以将数据实时更新，是构造全球物品信息实时共享的重要组成部分，是物联网的基石。

1．自动识别技术的概念

自动识别技术是以计算机技术和通信技术的发展为基础的综合性科学技术，它是信息数据自动识读、自动输入计算机的重要方法和手段。归根到底，自动识别技术是一种高度自动化的信息或者数据采集技术。

随着人类社会进入信息时代，人们所获取和处理的信息量不断加大。传统的信息采集输入是通过人工手工录入的，不仅劳动强度大，而且数据误码率高。要解决这一问题，主要是依靠以计算机和通信技术为基础的自动识别技术。

在现实生活中，各种各样的活动或者事件都会产生这样或者那样的数据，这些数据包括人的、物质的、财务的，也包括采购的、生产的和销售的，这些数据的采集与分析对于生产或者生活决策而言是十分重要的。如果没有这些实际工况的数据支援，生产和决策就会缺乏现实基础，就可能将成为一句空话。

在计算机信息处理系统中，数据的采集是信息系统的基础，这些数据通过数据系统的分析和过滤，最终成为影响决策的信息。

在信息系统早期，大部分数据处理都是通过人工手工录入的。这样，不仅数据量大，劳动强度高，数据误码率较高，往往失去了实时的意义。为了解决这些问题，人们就研究和发展了各种各样的自动识别技术，将人们从繁杂的、重复的手工劳动中解放出来，提高了系统信息的实时性和准确性，从而为生产的实时调整，财务的及时总结，以及决策的正确制定提供正确的参考依据。

在当前比较流行的物流研究中，基础数据的自动识别与实时采集更是物流信息系统的存在基础，因为物流过程比其他任何环节更接近于现实的"物"，物流产生的实时数据比其他任何情况下都要密集，数据量更大。

自动识别技术将数据自动采集，对信息自动识别并自动输入计算机，使得人类得以对大量数据信息进行及时、准确的处理。

2. 自动识别技术的种类

自动识别技术近几十年在全球范围内得到了迅猛发展，初步形成了一个包括条码技术、磁条磁卡技术、IC 卡技术、光学字符识别、射频技术、声音识别及视觉识别等集计算机、光、磁、物理、机电、通信技术为一体的高新技术学科。

按照应用领域和具体特征的分类标准，自动识别技术可以分为如下 7 种。

（1）条码识别技术：包括一维条件技术和二维条码技术。一维条码是由平行排列的宽窄不同的线条和间隔组成的二进制编码。通过光学扫描可以对一维条码进行阅读，即根据黑色线条和白色间隔对激光的不同反射来识别。二维条码技术是在一维条码无法满足实际应用需求的前提下产生的。由于受信息容量的限制，一维条码通常对物品的标示，而不是对物品的描述。二维条码能够在横向和纵向两个方向同时表达信息，因此能在很小的面积内表达大量的信息。

（2）生物识别技术：是指通过获取和分析人体的身体和行为特征来实现人的身份的自动鉴别。生物特征分为物理特征和行为特点两类。物理特征包括指纹、掌形、眼睛（视网膜和虹膜）、人体气味、脸型、皮肤毛孔、手腕、手的血管纹理和 DNA 等；行为特点包括签名、语音、行走的步态、击打键盘的力度等。常见的生物识别技术有声音识别技术、人脸识别技术及指纹识别技术。

（3）图像识别技术：在人类认知的过程中，图形识别指图形刺激作用于感觉器官，人们进而辨认出该图像是什么的过程，也称图像再认。在信息化领域，图像识别是利用计算机对图像进行处理、分析和理解，以识别各种不同模式的目标和对象的技术。图像识别技术的关键是既要有当时进入感官（即输入计算机系统）的信息，也要有系统中存储的信息。只有通过存储的信息与当前的信息进行比较的加工过程，才能实现对图像的再认。

（4）磁卡识别技术：磁卡是一种磁记录介质卡片，由高强度、高耐温的塑料或纸质涂覆塑料制成，能防潮、耐磨且有一定的柔韧性，携带方便、使用较为稳定可靠。磁条记录信息的方法是改变磁的极性，在磁性氧化的地方具有相反的极性，识别器才能够在磁条内分辨到这种磁性变化，这个过程被称为磁变。一部解码器可以识读到磁性变化，并将它们转换为字母或数字的形式，以便由计算机来处理。磁卡技术能够在小范围内存储较大数量的信息，在磁条上的信息可以被重写或更改。

（5）IC 卡识别技术：IC 卡即集成电路卡，是继磁卡之后出现的又一种信息载体。IC 卡通过卡里的集成电路存储信息，采用射频技术与支持 IC 卡的读卡器进行通信。射频读写器向 IC 卡发出一组固定频率的电磁波，卡片内有一个 LC 串联谐振电路，其频率与读写器发射的频率相同，这样在电磁波激励下，LC 谐振电路产生共振，从而使电容内有了电荷；在这个电容的另一端，接有一个单向导通的电子泵，将电容内的电荷送到另一个电容内存储，当所积累的电荷达到 2 V 时，此电容可作为电源为其他电路提供工作电压，将卡内数据发射出去或接受读写器的数据。按读取界面不同 IC 卡可以分为接触式 IC 卡和非接触式 IC 卡两种。

（6）光学字符识别技术（OCR）：这是属于图形识别的一项技术，其目的就是要让计算机知道它到底看到了什么，尤其是文字资料。针对印刷体字符（如纸质书籍），采用光学的方式将文档资料转换成为原始资料黑白点阵的图像文件，然后通过识别软件将图像中的文字转换成文本格式，以便文字处理软件进一步编辑加工的系统技术。一个光学字符识别系统，从影像到结果输出，必须经过影像输入、影像预处理、文字特征抽取、比对识别、最后经人工校正将认错的文字更正，最后将结果输出。

（7）射频识别技术（RFID）：这是通过无线电波进行数据传递的自动识别技术，是一种非接触式的自动识别技术。它通过射频信号自动识别目标对象并获取相关数据，识别工作无须人工干预，可工作于各种恶劣环境。与条码识别、磁卡识别技术和 IC 卡识别技术等相比，它以特有的无接触、抗干扰能力强、可同时识别多个物品等优点，逐渐成为自动识别中最优秀的和应用的领域最广泛的技术之一，是目前最重要的自动识别技术。

3．自动识别系统

在一个信息系统中，数据的采集（识别）完成了系统的原始数据的采集工作，解决了人工数据输入的速度慢、误码率高、劳动强度大、工作简单重复性高等问题，为计算机信息处理提供了快速、准确地进行数据采集输入的有效手段，因此，自动识别技术作为一种革命性的高新技术，正迅速为人们所接受。自动识别系统通过中间件或者接口（包括软件的和硬件的）将数据传输给后台处理计算机，由计算机对所采集到的数据进行处理或者加工，最终形成对人们有用的信息。在某些场合，中间件本身就具有数据处理的功能。中间件还可以支持单一系统不同协议的产品的工作。

一个完整的自动识别计算机管理系统包括自动识别系统、应用程序接口或者中间件和应用系统软件。自动识别系统完成系统的采集和存储工作，应用系统软件对自动识别系统所采集的数据进行应用处理，而应用程序接口软件则提供自动识别系统和应用系统软件之间的通信接口包括数据格式，将自动识别系统采集的数据信息转换成应用软件系统可以识别和利用的信息并进行数据传递。

7.1.5　物联网应用领域

目前，物联网的主要应用领域如下。

1．智能家居

智能家居产品融合自动化控制系统、计算机网络系统和网络通信技术于一体，将各种家庭设备，如音视频设备、照明系统、窗帘控制、空调控制、安防系统、数字影院系统、网络家电等。通过智能家庭网络联网实现自动化，通过宽带、固话和 3G/4G 网络，可以实现对家庭设备的远程操控。与普通家居相比，智能家居不仅提供舒适宜人且高品位的家庭生活空间，实现更智能的家庭安防系统；还将家居环境由原来的被动静止结构转变为具有能动智慧的工具，提供全方位的信息交互功能。

2. 智能医疗

智能医疗系统借助简易实用的家庭医疗传感设备，对家中病人或老人的生理指标进行自测，并将生成的生理指标数据通过网络传送到护理人或有关医疗单位。根据客户需求，还能提供相关增值业务，如紧急呼叫救助服务、专家咨询服务、终生健康档案管理服务等。智能医疗系统真正解决了现代社会子女们因工作忙碌无暇照顾家中老人的无奈，可以随时表达孝子情怀。

3. 智能城市

智能城市产品包括对城市的数字化管理和城市安全的统一监控。前者利用"数字城市"理论，基于地理信息系统、全球定位系统和遥感系统等关键技术，深入开发和应用空间信息资源，建设服务于城市规划、城市建设和管理，服务于政府、企业、公众，服务于人口、资源环境、经济社会的可持续发展的信息基础设施和信息系统。后者基于宽带互联网的实时远程监控、传输、存储、管理的业务，利用无处不达的宽带和3G/4G网络，将分散、独立的图像采集点进行联网，实现对城市安全的统一监控、统一存储和统一管理、为城市管理和建设者提供一种全新、直观、视听觉范围延伸的管理工具。

4. 智能环保

智能环保产品通过对实施地表水质的自动监测，可以实现水质的实时连续监测和远程监控，及时掌握主要流域重点断面水体的水质状况，预警预报重大或流域性水质污染事故，解决跨行政区域的水污染事故纠纷，监督总量控制制度落实情况。通过安装的监控的环保和监控传感器，将水文、水质等环境状态提供给环保部门，实时监控太湖流域水质等情况，并通过互联网将监测点的数据报送至相关管理部门。

5. 智能交通

智能交通系统包括公交行业无线视频监控平台、智能公交站台、电子票务、车管专家和公交手机一卡通等业务。

公交行业无线视频监控平台利用车载设备的无线视频监控和GPS定位功能，对公交运行状态进行实时监控。

智能公交站台通过媒体发布中心与电子站牌的数据交互，实现公交调度信息数据的发布和多媒体数据的发布功能，还可以利用电子站牌实现广告发布等功能。

电子门票是二维码应用于手机凭证业务的典型应用，从技术实现的角度，手机凭证业务就是手机凭证，是以手机为平台、以手机身后的移动网络为媒介，通过特定的技术实现完成凭证功能。

车管专家利用全球卫星定位技术、无线通信技术、地理信息系统技术将车辆的位置与速度、车内外的图像、视频等各类媒体信息及其他车辆参数等进行实时管理，有效满足用户对车辆管理的各类需求。

公交手机一卡通将手机终端作为城市公交一卡通的介质，除完成公交刷卡功能外，还可以实现小额支付、空中充值等功能。

测速E通通过将车辆测速系统、高清电子警察系统的车辆信息实时接入车辆管控平台，同时结合交警业务需求，基于地理信息系统通过无线通信模块实现报警信息的智能、无线发布，从而快速处置违法违规车辆。

6. 智能司法

智能司法是一个集监控、管理、定位、矫正于一身的管理系统。能够帮助各地各级司法机构降低刑罚成本、提高刑罚效率。目前，已能通过技术对矫正对象进行位置监管，同时具备完善的矫正对象电子档案、查询统计功能，并包含对矫正对象的管理考核，给矫正工作人员的日常工作带来信息化、智能化的高效管理平台。

7. 智能农业

智能农业产品通过实时采集温室内温度、湿度信号及光照、土壤温度、CO_2 浓度、叶面湿度、露点温度等环境参数，自动开启或者关闭指定设备。可以根据用户需求，随时进行处理，为设施农业综合生态信息自动监测、对环境进行自动控制和智能化管理提供科学依据。通过模块采集温度传感器等信号，经由无线信号收发模块传输数据，实现对大棚温湿度的远程控制。智能农业产品还包括智能粮库系统，该系统通过将粮库内温湿度变化的感知与计算机或手机的连接进行实时观察，记录现场情况以保证粮库内的温湿度平衡。

8. 智能物流

智能物流打造了集信息展现、电子商务、物流配载、仓储管理、金融质押、园区安保、海关保税等功能为一体的物流园区综合信息服务平台。信息服务平台以功能集成、效能综合为主要开发理念，以电子商务、网上交易为主要交易形式，建设了高标准、高品位的综合信息服务平台，并为金融质押、园区安保、海关保税等功能预留了接口，可以为园区客户及管理人员提供一站式综合信息服务。

9. 智能校园

通过校园手机一卡通可以促进校园的信息化和智能化。校园手机一卡通的主要功能包括电子钱包、身份识别及银行圈存。电子钱包即通过手机刷卡实现主要校内消费；身份识别包括门禁、考勤、图书借阅、会议签到等，银行圈存即实现银行卡到手机的转账充值、余额查询等功能。

10. 其他应用

物联网在其他领域的应用还有很多，如智能电网、智能电力、智能安防、智能汽车、智能建筑、智能水务、商业智能及平安城市等。

任务 7.2 大数据

随着博客、社交网络及物联网等技术的兴起，互联网上数据信息正以前所未有的速度增长和累积。与此同时，以深度学习为代表的机器学习算法在互联网领域的广泛使用，使得互联网大数据开始与人工智能进行更为深入的结合，从而为互联网大脑的智慧和意识产生奠定了基础。

7.2.1 大数据的发展背景

近几年来，随着计算机和信息技术的迅猛发展和普及应用，行业应用系统的规模迅速扩大，行业应用所产生的数据呈爆炸性增长。动辄达到数百 TB 甚至数十至数百 PB 规模的行业/企业大数据已远远超出了现有传统的计算技术和信息系统的处理能力，因此，寻求有效的大数据处理技术、方法和手段已经成为现实世界的迫切需求。

百度目前的总数据量已超过 1000PB，每天需要处理的网页数据达到 10PB～100PB；淘宝累计的交易数据量高达 100PB；Twitter 每天发布超过 2 亿条消息，新浪微博每天发帖量达到 8000 万条；中国移动一个省的电话通联记录数据每月可达 0.5PB～1PB；一个省会城市公安局道路车辆监控数据三年可达 200 亿条、总量 120TB。据世界权威 IT 信息咨询分析公司 IDC 研究报告预测：全世界数据量未来 10 年将从 2009 年的 0.8ZB 增长到 2020 年的 35ZB，10 年将增长 44 倍，年均增长 40%。

前些年人们把大规模数据称为"海量数据"，但实际上，大数据（Big Data）这个概念早在 2008 年就已被提出。2008 年，在 Google 成立 10 周年之际，著名的《自然》杂志出版了一期专刊，专门讨论未来的大数据处理相关的一系列技术问题和挑战，其中就提出了大数据的概念。

随着大数据概念的普及，人们常常会问，多大的数据才称为大数据?其实，关于大数据，难以有一个非常定量的定义。维基百科给出了一个定性的描述：大数据是指无法使用传统和常用的软件技术和工具在一定时间内完成获取、管理和处理的数据集。进一步而言，当今"大数据"一词的重点其实已经不仅在于数据规模的定义，它更代表着信息技术发展进入了一个新的时代，代表着爆炸性的数据信息给传统的计算技术和信息技术带来的技术挑战和困难，代表着大数据处理所需的新的技术和方法，也代表着大数据分析和应用所带来的新发明、新服务和新的发展机遇。

由于大数据处理需求的迫切性和重要性，近年来大数据技术已经在全球学术界、工业界和各国政府得到高度关注和重视，全球掀起了一个可与 20 世纪 90 年代的信息高速公路相提并论的研究热潮。美国和欧洲一些发达国家政府都从国家科技战略层面提出了一系列的大数据技术研发计划，以推动政府机构、重大行业、学术界和工业界对大数据技术的探索研究和应用。

早在 2010 年 12 月，美国总统办公室下属的科学技术顾问委员会和信息技术顾问委员会向奥巴马和国会提交了一份《规划数字化未来》的战略报告，把大数据收集和使用的工作提升到体现国家意志的战略高度。报告列举了 5 个贯穿各个科技领域的共同挑战，而第一个最重大的挑战就是 "数据"问题。报告指出："如何收集、保存、管理、分析、共享正在呈指数增长的数据是我们必须面对的一个重要挑战"。报告建议："联邦政府的每一个机构和部门，都需要制定一个'大数据'的战略"。2012 年 3 月，美国总统奥巴马签署并发布了一个"大数据研究发展创新计划"，由美国国家自然基金会、卫生健康总署、能源部、国防部等 6 大部门联合，投资 2 亿美元启动大数据技术研发，这是美国政府继 1993 年宣布"信息高速公路"计划后的又一次重大科技发展部署。美国白宫科技政策办公室还专门支持建立了一个大数据技术论坛，鼓励企业和组织机构间的大数据技术交流与合作。

2012 年 7 月，联合国在纽约发布了一本关于大数据政务的白皮书《大数据促发展：挑战与机遇》，全球大数据的研究和发展进入了前所未有的高潮。这本白皮书总结了各国政府如何利用大数据响应社会需求，指导经济运行，更好地为人民服务，并建议成员国建立"脉搏实验室"，挖掘大数据的潜在价值。

由于大数据技术的特点和重要性，目前国内外已经出现了"数据科学"的概念，即数据处理技术将成为一个与计算科学并列的新的科学领域。已故著名图灵奖获得者 Jim Gray 在 2007 年的一次演讲中提出，"数据密集型科学发现"将成为科学研究的第四范式，科学研究将从实验科学、理论科学、计算科学，发展到目前兴起的数据科学。

为了紧跟全球大数据技术发展的浪潮，我国政府、学术界和工业界对大数据也予以了高度的关注。央视著名"对话"节目 2013 年 4 月 14 日和 21 日邀请了《大数据时代——生活、工作与思维的大变革》作者维克托·迈尔-舍恩伯格，以及美国大数据存储技术公司 LSI 总裁阿比分别做客

"对话"节目，做了两期大数据专题谈话节目"谁在引爆大数据""谁在掘金大数据"，国家央视媒体对大数据的关注和宣传体现了大数据技术已经成为国家和社会普遍关注的焦点。

国内的学术界和工业界也都迅速行动，广泛开展大数据技术的研究和开发。2013 年以来，国家自然科学基金、973 计划、核高基、863 等重大研究计划都已经把大数据研究列为重大的研究课题。为了推动我国大数据技术的研究发展，2012 年中国计算机学会(CCF)发起组织了 CCF 大数据专家委员会，CCF 专家委员会还特别成立了一个"大数据技术发展战略报告"撰写组，并已撰写发布了《2013 年中国大数据技术与产业发展白皮书》。

大数据在带来巨大技术挑战的同时，也带来巨大的技术创新与商业机遇。不断积累的大数据包含着很多在小数据量时不具备的深度知识和价值，大数据分析挖掘将能为行业/企业带来巨大的商业价值，实现各种高附加值的增值服务，进一步提升行业/企业的经济效益和社会效益。由于大数据隐含着巨大的深度价值，美国政府认为大数据是"未来的新石油"，对未来的科技与经济发展将带来深远影响。因此，在未来，一个国家拥有数据的规模和运用数据的能力将成为综合国力的重要组成部分，对数据的占有、控制和运用也将成为国家间和企业间新的争夺焦点。

大数据的研究和分析应用具有十分重大的意义和价值。被誉为"大数据时代预言家"的维克托·迈尔-舍恩伯格在其《大数据时代》一书中列举了大量翔实的大数据应用案例，并分析预测了大数据的发展现状和未来趋势，提出了很多重要的观点和发展思路。他认为："大数据开启了一次重大的时代转型"，指出大数据将带来巨大的变革，改变人们的生活、工作和思维方式，改变人们的商业模式，影响人们的经济、政治、科技和社会等各个层面。

由于大数据行业应用需求日益增长，未来越来越多的研究和应用领域将需要使用大数据并行计算技术，大数据技术将渗透到每个涉及大规模数据和复杂计算的应用领域。不仅如此，以大数据处理为中心的计算技术将对传统计算技术产生革命性的影响，广泛影响计算机体系结构、操作系统、数据库、编译技术、程序设计技术和方法、软件工程技术、多媒体信息处理技术、人工智能及其他计算机应用技术，并与传统计算技术相互结合产生很多新的研究热点和课题。

大数据给传统的计算技术带来了很多新的挑战。大数据使得很多在小数据集上有效的传统的串行化算法在面对大数据处理时难以在可接受的时间内完成计算；同时大数据含有较多噪音、样本稀疏、样本不平衡等特点使得现有的很多机器学习算法有效性降低。因此，微软全球副总裁陆奇博士在 2012 年全国第一届"中国云/移动互联网创新大奖赛"颁奖大会主题报告中指出："大数据使得绝大多数现有的串行化机器学习算法都需要重写"。

大数据技术的发展将给计算机专业技术人员带来新的挑战和机遇。目前，国内外 IT 企业对大数据技术人才的需求正快速增长，未来 5～10 年内业界将需要大量的掌握大数据处理技术的人才。IDC 研究报告指出，"下一个 10 年里，世界范围的服务器数量将增长 10 倍，而企业数据中心管理的数据信息将增长 50 倍，企业数据中心需要处理的数据文件数量将至少增长 75 倍，而世界范围内 IT 专业技术人才的数量仅能增长 1.5 倍。"因此，未来十年里大数据处理和应用需求与能提供的技术人才数量之间将存在一个巨大的差距。目前，由于国内外高校开展大数据技术人才培养的时间不长，技术市场上掌握大数据处理和应用开发技术的人才十分短缺，因而这方面的技术人才十分抢手，供不应求。

2012 年以来，国内互联网企业和运营商率先启动大数据技术的研发和应用，淘宝网、腾讯网、中国移动、中国联通、京东商城等企业纷纷启动了大数据试点应用项目，推进大数据应用。

2013 年第 4 期《求是》杂志刊登了中国工程院邬贺铨院士的文章《大数据时代的机遇与挑战》，阐述了中国科技界对大数据的重视，其他院士也纷纷撰文阐述大数据的战略意义，清华大学、北京大学等高校纷纷设立大数据方面的学院和专业，推进大数据技术的研发。

2015 年 8 月 31 日，国务院以国发〔2015〕50 号印发《促进大数据发展行动纲要》。该《纲要》提出大数据已成为国家基础性战略资源，是推动经济转型和发展的新动力，是重塑城市竞争力的新机遇，是提升政府治理能力的新途径，我国正式启动和实施国家大数据战略。

7.2.2 大数据的概念和特征

大数据是指无法用现有的软件工具提取、存储、搜索、共享、分析和处理的海量的、复杂的数据集合，是需要新处理模式才能具有更强的决策力、洞察发现力和流程优化能力来适应海量、高增长率和多样化的信息资产。

大数据技术的战略意义不在于掌握庞大的数据信息，而在于对这些含有意义的数据进行专业化处理。换言之，如果把大数据比作一种产业，那么这种产业实现盈利的关键，在于提高对数据的加工能力，通过加工实现数据的增值。

大数据具有以下 4 个特征。

1．数据体量巨大

截至目前，人类生产的所有印刷材料的数据量是 200PB（1PB=210TB），而历史上全人类说过的所有的话的数据量大约是 5EB（1EB=210PB）。当前，典型个人计算机硬盘的容量为 TB 量级，而一些大企业的数据量已经接近 EB 量级。

2．数据类型繁多

数据类型的多样性也让数据被分为结构化数据和非结构化数据。相对于以往便于存储的以文本为主的结构化数据，非结构化数据越来越多，包括网络日志、音频、视频、图片、地理位置信息等，这些多类型的数据对数据的处理能力提出了更高要求。

3．价值密度低

价值密度的高低与数据总量的大小成反比。以视频为例，一部时长 1 小时的视频在连续不间断的监控中，有用数据可能仅有一、二秒。如何通过强大的机器算法更迅速地完成数据的价值"提纯"成为目前大数据背景下亟待解决的难题。

4．处理速度快

处理速度快是大数据区分于传统数据挖掘的最显著特征。根据互联网数据中心的报告，预计到 2020 年，全球数据使用量将达到 35.2ZB。在如此海量的数据面前，处理数据的效率就是企业的生命。

7.2.3 大数据的量级

数据量的大小是用计算机存储容量的单位来计算的，最基本的单位是字节（Byte），一个字节相当于一个英文字母。每一级是按照千分位递进的，换算单位如下。

1KB=1024B   相当于一个短篇故事的文字内容

1MB=1024KB   相当于一个短篇小说的文字内容

1GB＝1024MB   相当于贝多芬第五乐章交响曲的乐谱内容

1TB＝1024GB	相当于一家大型医院中所有 X 光图片的内容
1PB＝1024TB	相当于 50%全美学术研究图书馆藏书信息内容
1ZB＝1024PB	5ZB 相当于迄今为止全人类所讲过的话语
1YB＝1024ZB	1024 个像地球一样的星球上的沙子数量的总和

目前，传统企业的数据量基本在 TB 级以上，一些大型企业达到 PB 级，如谷歌、百度、腾讯网、阿里巴巴这些企业的数据量在 PB 级以上。

大数据技术和应用擅长处理的数量级一般都在 PB 级以上。数据量巨大是相对于处理这些数据的计算机设备而言的。例如，对于一台小型机或 PC 服务器，PB 级数据是大数据，而对于一部智能手机而言，GB 级数据就是大数据。就目前大数据技术架构所处理的数据来看，通常是指 PB 级以上的数据。

摩尔定律是由英特尔的创始人之一戈登·摩尔（Gordon Moore）提出来的。该定律的内容为：当价格不变时，集成电路上可容纳的元器件的数目，约每隔 18～24 个月便会增加一倍，性能也将提升一倍。这一定律揭示了信息技术进步的速度。

数据库专家吉姆·格雷（Jim Gray）提出了新的摩尔定律，其内容为：每 18 个月全球新增的信息量是计算机有史以来全部信息量的总和，数据容量每 18 个月就会翻一番。

根据互联网数据中心统计，全球在 2010 年正式进入 ZB 时代，预计到 2020 年全球数据总量将达到 35ZB。但是，在过去的 50 年中，数据存储的成本大概每隔两年就下降一半，而存储密度却增加了 5000 万倍。

当今的世界正在成为数据的世界，大数据时代已经到来，像水、空气和石油一样，数据正成为这个世界中的一种宝贵资源。

7.2.4　大数据的数据类型

大数据不仅体现在数量巨大，也体现在数据类型繁多。在如此海量的数据中，只有 20%左右的数据属于结构化数据，80%的数据属于非结构化数据，它们广泛存在于互联网、移动互联网、社交网络及物联网等领域。

1．按照数据结构分类

按照数据结构，数据分为结构化数据、半结构化数据和非结构化数据。

（1）结构化数据：这种类型的数据是存储在数据库中，可以通过二维表来表现的数据。结构化数据的特点是，任何一列的数据都有相同的数据类型，任何一列的数据都不可以再细分。各种关系型数据库（如 Oracle、SQL Server、DB2、MySQL、Access 等）中存储的数据都属于结构化数据。

（2）半结构化数据：这种类型的数据介于结构化数据与非结构化数据之间，其数据格式比较规范，通常都是纯文本数据，可以通过某种方式解析得到每项的数据。最常见的半结构化数据是日志数据、XML、JSON 等格式的数据，它们每条记录可能都会有预定义的规范，但是每条记录包含的信息可能不尽相同，也可能会有不同的字段数，包含不同的字段名或字段类型，或者包含嵌套的格式。这类数据一般以纯文本形式输出，管理维护也较为方便，但在需要使用这些数据时，需要先对这些数据格式进行解析。

（3）非结构化数据：这种数据是指非纯文本数据，它们没有标准格式，无法解析出相应的值。常见的非结构化数据有副文本文档、图像、声音、视频等。这类数据不易收集管理，也无法直接查询和分析，所以对这类数据需要使用各种不同的处理方法。

2．按照产生主体分类

按照产生主体，数据分为以下 3 个层次。

（1）少量企业应用产生的数据：这是最里层。这类数据包括关系型数据库中的数据、数据仓库中的数据。

（2）大量人产生的数据：这是次外层。这类数据包括 Twitter；微信（文字、音频、视频）；微博（文字、图片、视频）；博客（包括评论、图片及视频分享）；企业博客、企业微博、企业微信；工程师的 CAD/CAM 数据、设计文档、笔记、日志；电子商务在线交易的日志数据、供应商交易的日志数据；呼叫中心的评论、留言或电话投诉；企业应用相关评论数据。

（3）巨量机器产生的数据：这是最外层。这类数据包括应用服务器日志（Web 站点，游戏）；传感器数据（天气、水、智能电网等）；图像和视频（车间监控视频数据、交通、安全摄像头等）；射频识别、二维码或条形码扫描的数据。

大数据应用需要整合来自不同数据源、采用不同格式、跨不同业务的各类数据。

3．按照作用方式分类

按照作用方式，数据分为交易数据和交互数据。

（1）交易数据：是指来自电子商务和企业应用的数据，包括企业资源计划（ERP）、企业对企业（B2B）、企业对个人（B2C）、个人对个人（C2C）及团购等系统。这些交易数据存储在关系型数据库和数据仓库中，可以执行联机事务处理（OLTP）和联机分析处理（OLAP）。这些数据的规模和复杂性一直在提高。

（2）交互数据：是指来自相互作用的社交网络的数据，包括社交媒体交互（人为生成交互）和机器交互（设备生成交互）的新型数据

以上两类数据的整合是大势所趋。大数据应用要有效集成这两类数据，并在此基础上实现这些数据的处理和分析。

7.2.5　大数据的速度

大数据的速度是指数据创建、存储、获取、处理和分析的速度，它是由数据从客户端采集、装载并流动到处理器和存储设备，以及在处理器中进行计算的速度所决定的。

在当前的计算机环境下，由于处理器和存储器待计算技术的不断进步，数据处理的速度越来越快，传统计算技术逐渐不能满足大容量和多种类型的大数据的处理速度的要求。在交互式的计算环境下，海量数据被实时创建，用户需要实时的信息反馈和数据分析，并将这些数据结合到自身高效的业务流程和敏捷的决策过程中。大数据技术必须解决大容量、多种类型数据高速地产生、获取、存储和分析中的问题。

一方面要解决大数据容量下的数据时延问题。所谓时延问题是指从数据创建或获取到数据可以访问之间的时间差。大数据处理需要解决大容量数据处理的高时延问题，需要采用低时延的技术来处理。例如，对一次 PB 级大数据的复杂查询，传统结构化查询语言（SQL）技术可能需要几个小时，基于大数据技术平台希望将这一时延逐步降低到分钟级、秒级、毫秒级、完全实时，大数据技术正在做到这一点。

另一方面要解决时间敏感的流程中实时数据的高速处理问题。对于对时间敏感的流程，如实时监控、实时欺诈监测或多渠道"实时"营销，某些类型的数据必须进行实时分析，以对业务产

生价值，这涉及数据的批处理、近线处理到在线实时流处理的演变。

7.2.6 大数据的分析

大数据不仅仅是数据大的，最重要的是对大数据进行分析，只有通过分析才能获取很多深入的、有价值的信息。目前越来越多的应用涉及大数据，而这些大数据的属性（包括数量、速度、多样性等）都是呈现出不断增长的复杂性，因此大数据的分析方法显得尤为重要，可以说是决定最终信息是否有价值的决定性因素。

目前常用的大数据分析方法有以下几种。

1. 可视化分析

大数据分析的使用者有大数据分析专家，也有普通用户，他们对于大数据分析最基本的要求就是可视化分析。因为可视化分析能够直观地呈现大数据的特点，所以非常容易被用户所接受。

2. 数据挖掘算法

大数据分析的理论核心就是数据挖掘算法，各种数据挖掘的算法基于不同的数据类型和格式才能更加科学的呈现出数据本身的特点，使用当今公认的各种统计方法才能深入数据内部，挖掘出公认的价值。有了这些数据挖掘的算法才能更快速的处理大数据，如果某个算法得花费几年才能得出结论，大数据的价值便无从谈起了。

3. 预测性分析

大数据分析最终要的应用领域之一就是预测性分析，从大数据中挖掘出特点，通过科学地建立模型，之后便可以通过模型带入新的数据，从而预测未来的数据。

4. 语义引擎

非结构化数据的多元化给数据分析带来新的挑战，因此需要一套工具系统地去分析和提炼数据。语义引擎需要设计到具有足够的人工智能，以便从数据中主动地提取信息。

5. 数据质量和数据管理

大数据分析离不开数据质量和数据管理，高质量的数据和有效的数据管理，无论是在学术研究还是在商业应用领域，都能够保证分析结果的真实和有价值。

7.2.7 大数据的技术

目前常用的大数据技术有以下几种。

1. 数据采集

ETL 工具负责将分布的、异构数据源中的数据，如关系数据、平面数据文件等抽取到临时中间层后进行清洗、转换、集成，最后加载到数据仓库或数据集市中，成为联机分析处理、数据挖掘的基础。

2. 数据存取

数据存取技术包括关系数据库、NoSQL、SQL 等。

3．基础架构

基础架构包括云存储、分布式文件存储等。

4．数据处理

数据处理主要采用自然语言处理。这是研究人与计算机交互的语言问题的一门学科。处理自然语言的关键是要让计算机"理解"自然语言，所以自然语言处理又称为自然语言理解或计算语言学。它是语言信息处理的一个分支，也是人工智能的核心课题之一。

5．统计分析

统计分析包括假设检验、显著性检验、差异分析、相关分析、T 检验、方差分析、卡方分析、偏相关分析、距离分析、回归分析、简单回归分析、多元回归分析、逐步回归、回归预测与残差分析、岭回归、Logistic 回归分析、曲线估计、因子分析、聚类分析、主成分分析、因子分析、快速聚类法与聚类法、判别分析、对应分析、多元对应分析（最优尺度分析）、Bootstrap 技术等。

6．数据挖掘

数据挖掘包括分类、估计、预测、相关性分组或关联规则、聚类、描述和可视化、复杂数据类型挖掘。

7．模型预测

模型预测包括预测模型、机器学习和建模仿真。

8．结果呈现

结果呈现包括云计算、标签云、关系图等。

7.2.8 大数据应用流程

大数据的处理流程主要包括以下 4 个步骤。

1．采集

大数据的采集是指利用多个数据库来接收发自客户端（Web、App 或者传感器形式等）的数据，并且用户可以通过这些数据库来进行简单的查询和处理工作。例如，电商会使用传统的关系型数据库 MySQL 和 Oracle 等来存储每一笔事务数据，除此之外，Redis 和 MongoDB 这样的 NoSQL 数据库也常用于数据的采集。

在大数据的采集过程中，其主要特点和挑战是并发数高，因为同时有可能会有成千上万的用户来进行访问和操作，如火车票售票网站和淘宝，它们并发的访问量在峰值时达到上百万，所以需要在采集端部署大量数据库才能支撑。并且如何在这些数据库之间进行负载均衡和分片的确是需要深入的思考和设计。

2．导入/预处理

虽然采集端本身会有很多数据库，但是如果要对这些海量数据进行有效的分析，还是应该将这些来自前端的数据导入到一个集中的大型分布式数据库，或者分布式存储集群，并且可以在导入基础上做一些简单的清洗和预处理工作。也有一些用户会在导入时使用来自 Twitter 的 Storm 来对数据进行流式计算，来满足部分业务的实时计算需求。

导入与预处理过程的特点和挑战主要是导入的数据量大，每秒钟的导入量经常会达到百兆，甚至千兆级别。

3. 统计/分析

统计与分析主要利用分布式数据库，或者分布式计算集群来对存储于其内的海量数据进行普通的分析和分类汇总等，以满足大多数常见的分析需求，在这方面，一些实时性需求会用到 EMC 的 GreenPlum、Oracle 的 Exadata，以及基于 MySQL 的列式存储 Infobright 等，而一些批处理，或者基于半结构化数据的需求可以使用 Hadoop。

统计与分析这部分的主要特点和挑战是分析涉及的数据量大，其对系统资源，特别是 I/O 会有极大的占用。

4. 挖掘

与前面统计和分析过程不同的是，数据挖掘一般没有什么预先设定好的主题，主要是在现有数据上进行基于各种算法的计算，从而起到预测（Predict）的效果，从而实现一些高级别数据分析的需求。

比较典型的算法有用于聚类的 Kmeans、用于统计学习的 SVM 和用于分类的 NaiveBayes，主要使用的工具有 Hadoop 的 Mahout 等。该过程的特点和挑战主要是用于挖掘的算法很复杂，并且计算涉及的数据量和计算量都很大，常用数据挖掘算法都以单线程为主。

整个大数据处理的普遍流程至少应该包括上述 4 个步骤，才能算得上是一个比较完整的大数据处理。

任务 7.3　云计算

随着大数据时代的到来，已经无法使用传统技术来处理和分析海量数据。在这种背景下，云计算技术应运而生。从技术上看，大数据与云计算的关系就像一枚硬币的正反两面一样密不可分。大数据必然无法用单台的计算机进行处理，必须采用分布式架构，其特色在于对海量数据进行分布式数据挖掘，而这又必须依托云计算的分布式处理、分布式数据库和云存储及虚拟化技术。

7.3.1　云计算的概念

云计算（Cloud Computing）是基于互联网的相关服务的增加、使用和交付模式，通常涉及通过互联网来提供动态易扩展且经常是虚拟化的资源。云是网络、互联网的一种比喻说法。过去在图中往往用云来表示电信网，后来也用来表示互联网和底层基础设施的抽象。因此，云计算甚至可以让人们体验每秒 10 万亿次的运算能力，拥有这么强大的计算能力可以模拟核爆炸、预测气候变化和市场发展趋势。用户通过计算机、笔记本、手机等方式接入数据中心，按自己的需求进行运算。

美国国家标准与技术研究院（NIST）对云计算给出的定义是：云计算是一种按使用量付费的模式，这种模式提供可用的、便捷的、按需的网络访问，进入可配置的计算资源共享池（资源包括网络、服务器、存储、应用软件、服务），这些资源能够被快速提供，只需投入很少的管理工作，或与服务供应商进行很少的交互。

中国电子学会云计算专家委员会刘鹏教授对云计算给出的定义是：云计算是一种商业计算模

型，它将计算机任务分布在大量计算机构成的资源池上，让用户能按需要获取计算能力、存储空间和信息服务。

所谓"云"就是指这种计算资源，也就是一些可以自我维护和管理的虚拟计算资源，通常一些大型服务器集群，包括计算服务器、存储服务器和宽带资源等。云计算将计算资源集中起来，并通过专门软件实现自我管理，无须人为参与。用户可以动态申请部分资源，支持各种应用程序的运转，无须为烦琐的细节而烦恼，能够更加专注于自己的业务，有利于提高效率、降低成本和技术创新。云计算的核心理念是资源池。资源池将计算和存储资源虚拟成一个可以任意组合分配的集合，池的规模可以动态扩展，分配给用户的处理能力可以动态回收重用。这种模式能够大大提高资源的利用率，提升平台的服务质量。

之所以称为"云"，是因为它在某些方面与现实中的云很相似：云一般都较大；云的规模可以动态伸缩，它的边界是模糊的；云在空中飘忽不定，无法也无须确定它的具体位置，但它确实存在于某个地方。

云计算采用的这种模式类似于从单台发电机供电转向了电厂集中供电的模式。这意味着计算能力也可以像作为一种商品进行交流，就像煤气、自来水和电一样，取用方便，费用低廉，最大的不同之处在于，它是通过互联网进行传输的。

云计算是并行计算、分布式计算和网格计算的发展，或者说是这些计算科学概念的商业实现。云计算是虚拟化、效用计算、将基础设施作为服务、将平台作为服务和将软件作为服务等概念混合演进并跃升的结果。

从定义上看，云计算与互联网虚拟大脑中枢神经系统的特征非常吻合。在理想状态下，物联网的传感器和互联网的使用者通过网络线路和计算机终端与云计算进行交互，向云计算提供数据并接受云计算提供的服务。

云计算是互联网的核心硬件层和核心软件层的集合，也是互联网中枢神经系统萌芽。

7.3.2 云计算的特点

云计算具有以下特点。

1. 超大规模

"云"具有相当大的规模，谷歌云计算已经拥有 100 多万台服务器，亚马逊、IMB、微软和雅虎等公司的"云"均拥有几十万台服务器。"云"能够赋予用户前所未有的计算能力。

2. 虚拟化

云计算支持用户在任何位置、使用各种终端获取服务。所请求的资源来自"云"，而不是固定的有形的实体。应用程序在"云"中某处运行，但实际上用户无须了解应用程序运行的具体位置，只需要一台笔记本电脑或一部智能手机，就可以通过网络服务来获取各种能力超强的服务。

3. 高可靠性

"云"使用了数据多副本容错、计算节点同构可互换等措施来保障服务的高可靠性，使用云计算比使用本地计算机更加可靠。

4. 通用性

云计算不针对特定的应用。在"云"的支撑下可以构造出千变万化的应用，同一片"云"可以同时支撑不同的应用运行。

5. 高伸缩性

"云"的规模可以动态伸缩，以满足应用和用户规模增长的需要。

6. 按需服务

"云"是一个庞大的资源池，用户按需购买，像自来水、电和煤气那样计费。

7. 成本低廉

"云"的特殊容错措施使得可以采用极其廉价的节点来构成云，"云"的自动化管理使数据中心管理成本大幅下降。

7.3.3 云计算的类型

按照服务类型，云计算可分为以下 3 种类型，如图 7-3 所示。

1. 基础设施即服务（IaaS）

基础设施即服务（Infrastructure-as-a-Service，IaaS）是指将硬件设备等基础资源封装成服务供用户使用。消费者通过 Internet 可以从完善的计算机基础设施获得服务，如硬件服务器租用。

图 7-3 云计算的服务类型

IaaS 环境一般允许用户对其资源配置和使用进行更高层次的控制。IaaS 提供的计算资源通常是未被配置好的，管理的责任直接落在云用户身上。因此，在实际应用中，对所创建的基于云的环境需要有更高控制权的用户才能使用这种模型。

有时候，云提供者为了扩展自己的云环境，会从其他云提供者那里签约一些 IaaS 资源，不同云提供者提供的 IaaS 产品中资源的类型和品牌有所不同。通过 IaaS 环境可以得到的资源通过是初始化生成的虚拟实例。一个典型的 IaaS 环境中的主要资源就是虚拟服务器，虚拟服务器的租用是通过指定服务器硬件需求来完成的，如处理器能力、内存和本地存储空间等。

2. 平台即服务（PaaS）

平台即服务（Platform-as-a-Service，PaaS）是指将软件研发的平台作为一种服务，以 SaaS 的模式提交给用户。

云用户会使用和投资 PaaS 环境的常见原因包括：为了可扩展性和经济原因，云用户想要把企业内的环境扩展到云中；云用户使用已就绪环境来完全代替企业内的环境；云用户想要成为云提供者并部署自己的云服务，使之对其他外部云用户可用。

在预告准备好的平台上工作，云用户节省了建立和维护裸的基础设施资源的管理负担，而在 IaaS 模型中提供的就是这样的裸的资源。对于承载和提供这个平台的底层资源，云用户只拥有较低等级的控制权。

3. 软件即服务（SaaS）

软件即服务（Software-as-a-Service，SaaS）是一种通过 Internet 提供软件的模式，用户无须购买软件，而是向提供商租用基于 Web 的软件，来管理企业经营活动。SaaS 产品是有完善的市场的，可以出于不同的目的和通过不同的条款来租用这些产品。

云用户通常对 SaaS 实现的管理权限非常有限。SaaS 实现通常是由云提供者完成的，但也可以是任何承担云服务拥有者角色的实体合法拥有的。例如，一个组织在使用 PaaS 环境时是云用户，这可以建立一个云服务，然后决定将它部署在同一环境中作为 SaaS 提供。这样，这个组织实际上就充当了这个基于 SaaS 的云服务的云提供者角色，这个云服务对其他组织来说可用，那些组织在使用这个云服务时扮演的就是云用户的角色。

实际上，PaaS 也是 SaaS 模式的一种应用。但是，PaaS 的出现可以加快 SaaS 的发展，尤其是加快 SaaS 应用的开发速度。例如，软件的个性化定制开发。

7.3.4 云计算的部署模式

按照所有权、大小和访问方式，云计算有以下 4 种常见的部署模式。

1. 公共云

云基础设施被部署级公众开放使用，它可能被一个商业组织、研究机构、政府机构或者他们混合所拥有、管理和运营，也可能被一个销售云计算服务的组织所拥有，该组织将云计算服务销售给一般大众或工业群体。

2. 社区云

云基础设施由一些具有共有关注点（如目标、安全需求、策略、遵从性考虑）的组织形成的社区中的用户部署和使用。它可能被一个或多个社区中的组织、第三方或两者混合所拥有、管理、运营。

3. 私有云

云基础设施由一个单一组织部署和独占使用，适用于多个用户。该基础设施可能由该组织、第三方、两者的混合所拥有、管理、运营。

4. 混合云

云基础设施由两种或两种以上的云（公共、社区或私有）组成，每种云仍然保持独立，但用标准的或专有的技术将它们组合起来，具有数据和应用程序的可移植性。

7.3.5 云计算的关键技术

云计算的关键技术包括以下 3 方面。

1．虚拟化技术

云计算的虚拟化技术不同于传统的单一虚拟化，它是涵盖整个 IT 架构的，包括资源、网络、应用和桌面在内的全系统虚拟化，它的优势在于能够把所有硬件设备、软件应用和数据隔离开来，打破硬件配置、软件部署和数据分布的界限，实现 IT 架构的动态化，实现资源集中管理，使应用能够动态地使用虚拟资源和物理资源，提高系统适应需求和环境的能力。

对于信息系统仿真，云计算虚拟化技术的应用意义并不仅仅在于提高资源利用率并降低 成本，更大的意义是提供强大的计算能力。众所周知，信息系统仿真系统是一种具有超大计算量的复杂系统，计算能力对于系统运行效率、精度和可靠性影响很大，而虚拟化技术可以将大量分散的、没有得到充分利用的计算能力，整合到计算高负荷的计算机或服务器上，实现全网资源统一调度使用，从而在存储、传输、运算等多个计算方面达到高效。

2．分布式资源管理技术

信息系统仿真系统在大多数情况下会处在多节点并发执行环境中，要保证系统状态的正确性，必须保证分布数据的一致性。为了分布的一致性问题，计算机界的很多公司和研究人员提出了各种各样的协议，这些协议即是一些需要遵循的规则，也就是说，在云计算出现之前，解决分布的一致性问题是靠众多协议的。但对于大规模，甚至超大规模的分布式系统来说，无法保证各个分系统、子系统都使用同样的协议，也就无法保证分布的一致性问题得到解决。云计算中的分布式资源管理技术圆满解决了这一问题。Google 公司的 Chubby 是最著名的分布式资源管理系统，该系统实现了 Chubby 服务锁机制，使得解决分布一致性问题的不再仅仅依赖一个协议或者是一个算法，而是有了一个统一的服务（Service）。

3．并行编程技术

云计算采用并行编程模式。在并行编程模式下，并发处理、容错、数据分布、负载均衡等细节都被抽象到一个函数库中，通过统一接口，用户大尺度的计算任务被自动并发和分布执行，即将一个任务自动分成多个子任务，并行地处理海量数据。

对于信息系统仿真这种复杂系统的编程来说，并行编程模式是一种颠覆性的革命，它是在网络计算等一系列优秀成果上发展而来的，所以更加淋漓尽致地体现了面向服务的体系架构（SOA）技术。可以预见，如果将这一并行编程模式引入信息系统仿真领域，定会带来信息系统仿真软件建设的跨越式进步。

7.3.6 云计算的架构

云计算要求基础设施具有良好的弹性、扩展性、自动化、数据移动、多租户、空间效率和对虚拟化的支持。对于云计算环境下的数据中心基础设施各部分的架构可以从以下 6 个方面进行说明。

1．云计算数据中心总体架构

云计算架构分为服务和管理两大部分。在服务方面，主要以提供用户基于云的各种服务为主，共包含 3 个层次：基础设施即服务 IaaS、平台即服务 PaaS、软件即服务 SaaS。在管理方面，主要以云的管理层为主，它的功能是确保整个云计算中心能够安全、稳定地运行，并且能够被有效管理。

2．云计算机房架构

为满足云计算服务弹性的需要，云计算机房采用标准化、模块化的机房设计架构。模块化机房包括集装箱模块化机房和楼宇模块化机房。

集装箱模块化机房在室外无机房场景下应用，减轻了建设方在机房选址方面的压力，帮助建设方将原来半年的建设周期缩短到两个月，而能耗仅为传统机房的 50%,可适应沙漠炎热干旱地区和极地严寒地区的极端恶劣环境。楼宇模块化机房采用冷热风道隔离、精确送风、室外冷源等领先制冷技术，可适用于大中型数据中心的积木化建设和扩展。

3．云计算网络系统架构

网络系统总体结构规划应坚持区域化、层次化、模块化的设计理念，使网络层次更加清楚、功能更加明确。数据中心网络根据业务性质或网络设备的作用进行区域划分，可以从以下几方面的内容进行划分。

（1）按照传送数据业务性质和面向用户的不同，网络系统可以划分为内部核心网、远程业务专网、公众服务网等区域。

（2）按照网络结构中设备作用的不同，网络系统可以划分为核心层、汇聚层、接入层。

（3）从网络服务的数据应用业务的独立性、各业务的互访关系及业务的安全隔离需求综合考虑，网络系统在逻辑上可以划分为存储区、应用业务区、前置区、系统管理区、托管区、外联网络接入区、内部网络接入区等。

此外，还有一种 Fabric 的网络架构。在数据中心部署云计算之后，传统的网络结构有可能使网络延时问题成为一大瓶颈，这就使得低延迟的服务器间通信和更高的双向带宽需要变得更加迫切。这就需要网络架构向扁平化方向发展，最终的目标是在任意两点之间尽量减少网络架构的数目。

Fabric 网络结构的关键之一就是消除网络层级的概念,Fabric 网络架构可以利用阵列技术来扁平化网络，可以将传统的三层结构压缩为两层，并最终转变为一层，通过实现任意点之间的连接来消除复杂性和网络延迟。不过，Fabric 这个新技术目前仍未有统一的标准，其推广应用还有待更多的实践。

4．云计算主机系统架构

云计算核心是计算力的集中和规模性突破，云计算中心对外提供的计算类型决定了云计算中心的硬件基础架构。从云端客户需求看，云计算中心通常需要规模化的提供以下几种类型的计算力，其服务器系统可采用三（多）层架构，一是高性能的、稳定可靠的高端计算，主要处理紧耦合计算任务，这类计算不仅包括对外的数据库、商务智能数据挖掘等关键服务，也包括自身账户、计费等核心系统，通常由企业级大型服务器提供；二是面向众多普通应用的通用型计算，用于提供低成本计算解决方案，这种计算对硬件要求较低，一般采用高密度、低成本的超密度集成服务器，以有效降低数据中心的运营成本和终端用户的使用成本；三是面向科学计算、生物工程等业务，提供百万亿、千万亿次计算能力的高性能计算，其硬件基础是高性能集群。

5．云计算存储系统架构

云计算采用数据统一集中存储的模式，在云计算平台中，数据如何放置是一个非常重要的问题，在实际使用的过程中，需要将数据分配到多个节点的多个磁盘当中。而能够达到这一目的的存储技术趋势当前有两种方式，一种是使用类似于 Google File System（GFS）的集群文件系统，另一种是基于块设备的存储区域网络 SAN 系统。

GFS 是由 Google 公司设计并实现的一种分布式文件系统，基于大量安装有 Linux 操作系统的普通 PC 构成的集群系统，整个集群系统由一台 Master 和若干台 ChunkServer 构成。在 SAN 连接方式上，可以有多种选择。一种选择是使用光纤网络，能够操作快速的光纤磁盘，适合于对性能与可靠性要求比较高的场所。另一种选择是使用以太网，采取 iSCSI 协议，能够运行在普通的局域网环境下，从而降低成本。采用 SAN 结构，服务器到共享存储设备的大量数据传输是通过 SAN 网络进行的，局域网只承担各服务器之间的通信任务，这种分工使得存储设备、服务器和局域网资源得到更有效的利用，使存储系统的速度更快，扩展性和可靠性更好。

6．云计算应用平台架构

云计算应用平台采用面向服务架构 SOA 的方式，应用平台为部署和运行应用系统提供所需的基础设施资源应用基础设施，所以应用开发人员无须关心应用的底层硬件和应用基础设施，并且可以根据应用需求动态扩展应用系统所需的资源。

7.3.7　云计算的应用

"云应用"是"云计算"概念的子集，是云计算技术在应用层的体现。云应用跟云计算最大的不同在于，云计算作为一种宏观技术发展概念而存在，而云应用则是直接面对客户解决实际问题的产品。

"云应用"的工作原理是把传统软件"本地安装、本地运算"的使用方式变为"即取即用"的服务，通过互联网或局域网连接并操控远程服务器集群，完成业务逻辑或运算任务的一种新型应用。"云应用"的主要载体为互联网技术，以瘦客户端（Thin Client）或智能客户端（Smart Client）的展现形式，其界面实质上是 HTML5、Javascript 或 Flash 等技术的集成。云应用不但可以帮助用户降低 IT 成本，更能大大提高工作效率，因此传统软件向云应用转型的发展革新浪潮已经不可阻挡。

当前云计算的应用主要包括以下几个方面。

1．云物联

物联网有以下两种业务模式。

（1）MAI（M2M Application Integration），内部 MaaS。

（2）MaaS（M2M As A Service），MMO，Multi-Tenants（多租户模型）。

随着物联网业务量的增加，对数据存储和计算量的需求将带来对"云计算"能力提出要求，从计算中心到数据中心在物联网的初级阶段，PoP 即可满足需求；在物联网高级阶段，可能出现 MVNO/MMO 营运商（国外已存在多年），需要虚拟化云计算技术，SOA 等技术的结合实现互联网的泛在服务：TaaS（everyTHING As A Service）。

2．云安全

云安全（Cloud Security）是一个从"云计算"演变而来的新名词。云安全的策略构想是：使用者越多，每个使用者就越安全，因为如此庞大的用户群，足以覆盖互联网的每个角落，只要某个网站被挂马或某个新木马病毒出现，就会立刻被截获。

"云安全"通过网状的大量客户端对网络中软件行为的异常监测，获取互联网中木马、恶意程序的最新信息，推送到 Server 端进行自动分析和处理，再把病毒和木马的解决方案发送到每一个客户端。

3．云存储

云存储是在云计算概念上延伸和发展出来的一个新的概念，是指通过集群应用、网格技术或分布式文件系统等功能，将网络中各种大量不同类型的存储设备通过应用软件集合起来协同工作，共同对外提供数据存储和业务访问功能的一个系统。当云计算系统运算和处理的核心是大量数据的存储和管理时，云计算系统中就需要配置大量的存储设备，那么云计算系统就转变成为一个云存储系统，所以云存储是一个以数据存储和管理为核心的云计算系统。

4．私有云

私有云（Private Cloud）是将云基础设施与软硬件资源创建在防火墙内，以供机构或企业内各部门共享数据中心内的资源。创建私有云，除了硬件资源外，一般还有云设备（IaaS）软件；现时商业软件有 VMware 的 vSphere 和 Platform Computing 的 ISF，开放源代码的云设备软件主要有 Eucalyptus 和 OpenStack。

5．云游戏

云游戏是以云计算为基础的游戏方式，在云游戏的运行模式下，所有游戏都在服务器端运行，并将渲染完毕后的游戏画面压缩后通过网络传送给用户。在客户端，用户的游戏设备不需要任何高端处理器和显卡，只需要基本的视频解压能力就可以了。现在，云游戏还并没有成为家用机和掌机界的联网模式，因为至今 X360 仍然在使用 LIVE，PS 是 PS NETWORK。但是几年后或十几年后，云计算取代这些东西成为其网络发展的终极方向的可能性，非常大。如果这种构想能够成为现实，那么主机厂商将变成网络运营商，他们不需要不断投入巨额的新主机研发费用，而只需要拿这笔钱中的很小一部分去升级自己的服务器就行了，但是达到的效果却是相差无几的。对于用户来说，他们可以省下购买主机的开支，但是得到的确是顶尖的游戏画面。可以想象一台掌上机和一台家用机拥有同样的画面，家用机和今天所用的机顶盒一样简单，甚至家用机可以取代电视的机顶盒而成为次时代的电视收看方式。

6．云教育

视频云计算应用在教育行业的实例：流媒体平台采用分布式架构部署，分为 Web 服务器，数据库服务器、直播服务器和流服务器，如有必要可在信息中心架设采集工作站搭建网络电视或实况直播应用，在各个学校已经部署录播系统或直播系统的教室配置流媒体功能组件，这样录播实况可以实时传送到流媒体平台管理中心的全局直播服务器上，同时录播的学校本色课件也可以上传存储到管理中心的流存储服务器上，以方便今后的检索、点播、评估等各种应用。

7．云会议

云会议是基于云计算技术的一种高效、便捷、低成本的会议形式。使用者只需要通过互联网界面，进行简单易用的操作，便可快速高效地与全球各地的团队及客户同步分享语音、数据文件及视频，而会议中数据的传输、处理等复杂技术由云会议服务商帮助使用者进行操作。

目前国内云会议主要集中在以 SaaS 模式为主体的服务内容，包括电话、网络、视频等服务形式，基于云计算的视频会议称为云会议。云会议是视频会议与云计算的完美结合，带来了最便捷的远程会议体验。及时语移动云电话会议，是云计算技术与移动互联网技术的完美融合，通过移动终端进行简单的操作，提供随时随地高效地召集和管理会议。

8. 云社交

云社交（Cloud Social）是一种物联网、云计算和移动互联网交互应用的虚拟社交应用模式，以建立著名的"资源分享关系图谱"为目的，进而开展网络社交，云社交的主要特征，就是把大量的社会资源统一整合和评测，构成一个资源有效池向用户按需提供服务。参与分享的用户越多，能够创造的利用价值就越大。

项目训练

一、选择题

1. （　　）不属于物联网的技术架构。
   A．物理层　　　　B．感知层　　　　C．应用层　　　　D．网络层
2. （　　）不属于云计算的服务类型。
   A．IaaS　　　　　B．BaaS　　　　　C．PaaS　　　　　D．SaaS
3. （　　）不属于云计算的部署模式。
   A．公共云　　　　B．私有云　　　　C．蘑菇云　　　　D．混合云

二、判断题

1. 按照数据结构，数据分为结构化数据、半结构化数据和非结构化数据。　（　　）
2. 基础设施即服务（IaaS）是指将软件设备等基础资源封装成服务供用户使用。　（　　）
3. GFS 是由微软公司设计并实现的一种分布式文件系统。　（　　）

三、简答题

1. 什么是物联网？
2. 自动识别技术有哪些种类？
3. 物联网的应用领域包含哪些方面？
4. 什么是大数据？
5. 大数据的应用流程包括哪些环节？
6. 什么是云计算？
7. 云计算有哪些特点？
8. 大数据与云计算有什么关系？
9. 云计算的应用包括哪些方面？